普通高等教育机电类系列教材

工程图学习题集

主编 刘道标 顾 锋
参编 惠学芹 吴 进 黄传锦

机械工业出版社

本习题集是刘道标、顾锋主编的《工程图学》教材的配套用书，主要内容包括制图的基本知识和技能，点、直线、平面的投影，立体的投影，组合体视图，机件的表达方法，零件图，标准件与常用件，装配图。

　　本习题集可作为高等学校机械类、近机械类等工科各专业工程图学课程的教材，也可作为相关工程技术人员的参考书。

图书在版编目（CIP）数据

工程图学习题集/刘道标，顾锋主编. —北京：机械工业出版社，2021.11（2025.8 重印）
普通高等教育机电类系列教材
ISBN 978-7-111-68839-6

Ⅰ.①工⋯　Ⅱ.①刘⋯ ②顾⋯　Ⅲ.①工程制图-高等学校-习题集　Ⅳ.①TB23-44

中国版本图书馆 CIP 数据核字（2021）第 248454 号

机械工业出版社（北京市百万庄大街 22 号　邮政编码 100037）
策划编辑：王勇哲　责任编辑：王勇哲　徐鲁融
责任校对：李　婷　封面设计：张　静
责任印制：常天培
北京联兴盛业印刷股份有限公司印刷
2025 年 8 月第 1 版第 4 次印刷
370mm×260mm · 11.5 印张 · 278 千字
标准书号：ISBN 978-7-111-68839-6
定价：36.00 元

电话服务　　　　　　　　　网络服务
客服电话：010-88361066　　机　工　官　网：www.cmpbook.com
　　　　　010-88379833　　机　工　官　博：weibo.com/cmp1952
　　　　　010-68326294　　金　　书　　网：www.golden-book.com
封底无防伪标均为盗版　　　机工教育服务网：www.cmpedu.com

前　言

本习题集采用现行国家标准，结合编者多年教学经验，参考国内同类习题集编写而成。本习题集与刘道标、顾锋主编的《工程图学》教材配套使用，主要内容包括制图的基本知识和技能，点、直线、平面的投影，立体的投影，组合体视图，机件的表达方法，零件图，标准件与常用件，装配图。

本习题集精简了画法几何中繁、难且不常用的内容，对培养学生空间想象能力、工程思维能力及设计表达能力的基础部分，如组合体、机件的表达方法、零件图等内容，则配备了丰富的难易程度不同的练习题，对产品三维造型部分并未设置单独章节习题，而是将其贯穿于后续章节的练习中。

本习题集由刘道标、顾锋任主编，惠学芹、吴进、黄传锦参编。

限于编者水平，本习题集中疏漏及错误难免，敬请广大读者批评指正。

编　者

目 录

前 言
第一章 制图的基本知识和技能 ………………………………… 1
第二章 点、直线、平面的投影 ………………………………… 8
第三章 立体的投影 ……………………………………………… 17
第四章 组合体视图 ……………………………………………… 24
第五章 机件的表达方法 ………………………………………… 44
第六章 零件图 …………………………………………………… 56
第七章 标准件与常用件 ………………………………………… 67
第八章 装配图 …………………………………………………… 78
参考文献 …………………………………………………………… 87

第一章　制图的基本知识和技能

1-1　字体练习

班级　　学号　　姓名

1. 完成如下汉字练习。

字体工整笔画清楚间隔均匀排列整齐

横平竖直注意起落结构均匀填满方格

技术制图机械电子汽车航空土木未注圆角零件尺寸线型

校核审定比例姓名材料班级技术要求序号重量备注其余

2. 完成如下数字和字母练习。

1234567890ABCDEFGH

IJKLMNOPQRSTUVWXYZ

abcdefghijklmnopqrstuvwxyz

Ⅰ Ⅱ Ⅲ Ⅳ Ⅴ Ⅵ Ⅹ　α β γ δ μ φ　　M24 6H φ20 30° 20±0.01

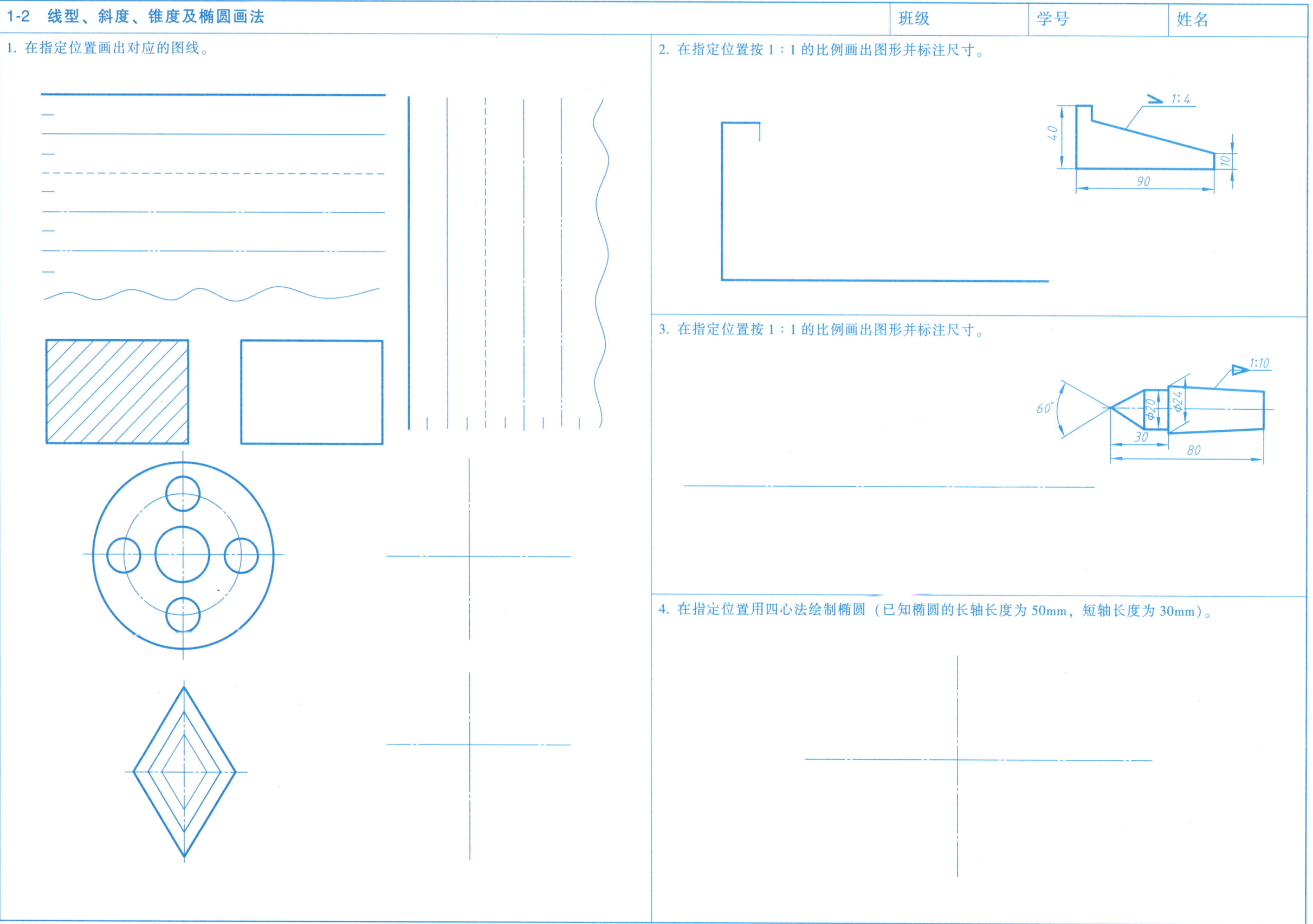

| 1-3 圆弧连接 | 班级 | 学号 | 姓名 |

(1) 完成如下圆弧连接练习（保留作图线）。　　　　　　　　　　(2)

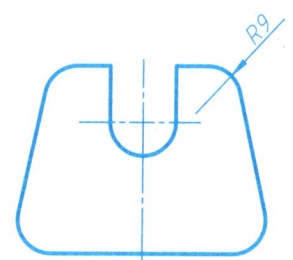
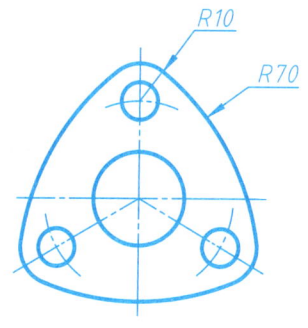
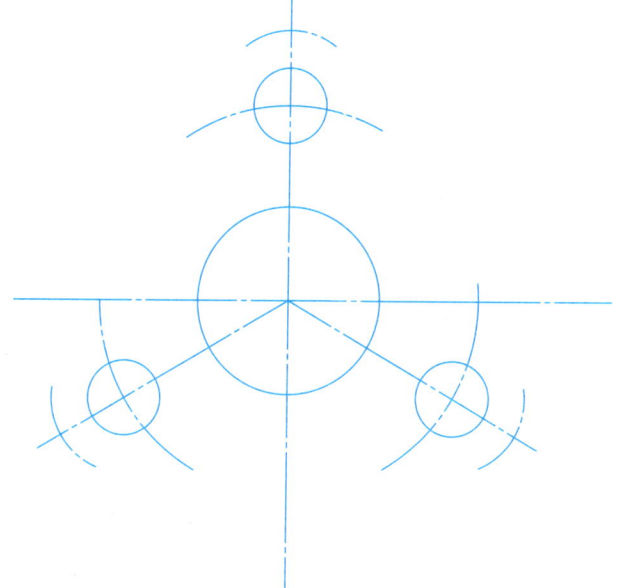

(3)　　　　　　　　　　　　　　　　　　　　　　(4)

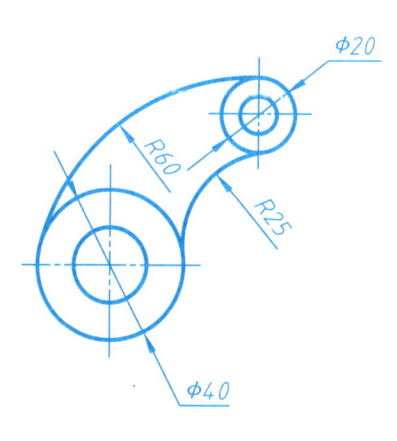
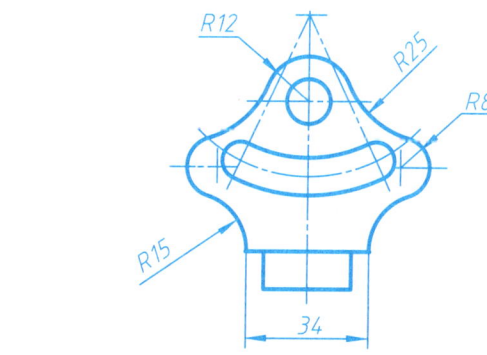
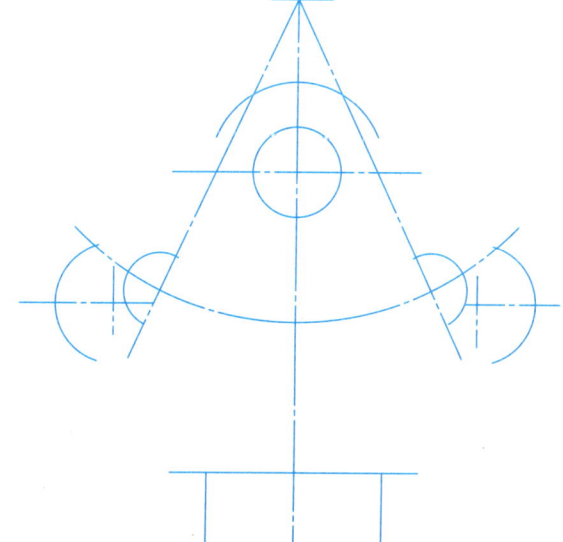

| 1-4 平面图形尺寸标注 | | 班级　　　学号　　　姓名 |

1. 在给定的尺寸线上画出箭头，并填写尺寸数字或角度数字（尺寸数值从图中按 1：1 的比例量取并取整）。

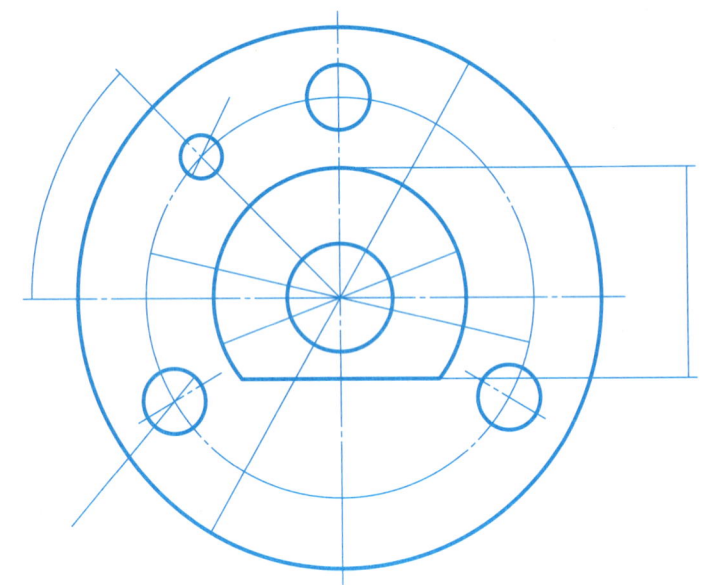

2. 找出尺寸标注的错误，并在右侧的空白图上正确标注。

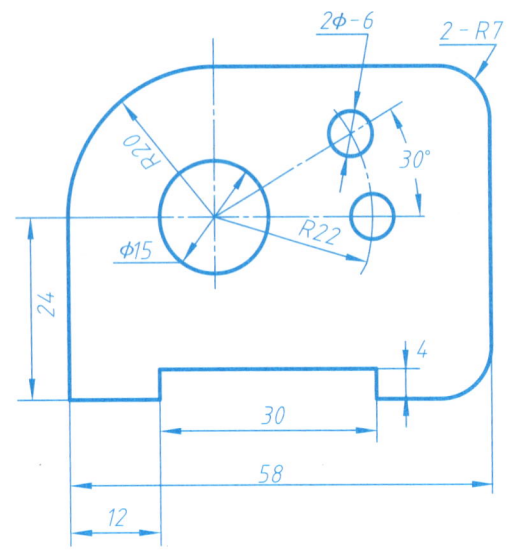 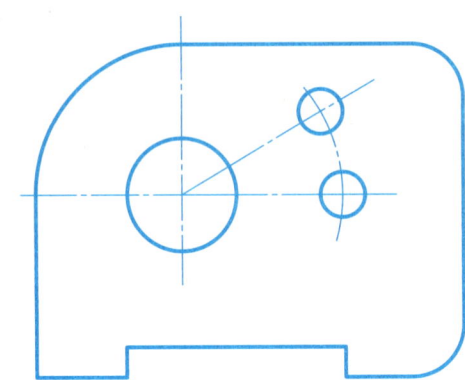

3. 将下图尺寸标注抄注在右侧的空白图形上。

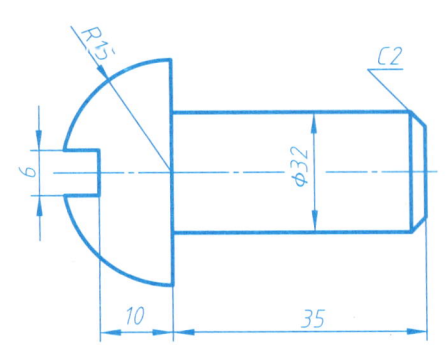 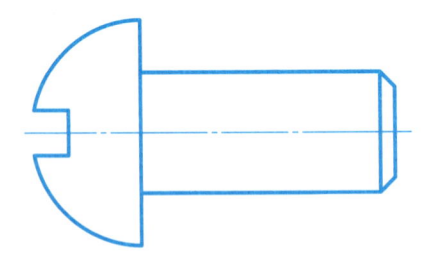

4. 分析下列平面图形并标注尺寸。
（1）　　　　　　　　　　　　　　（2）

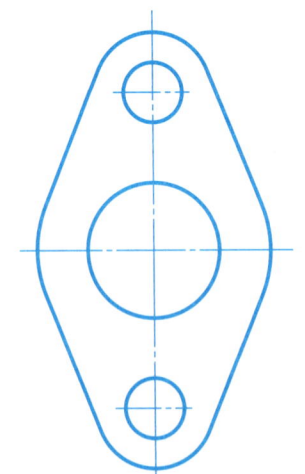 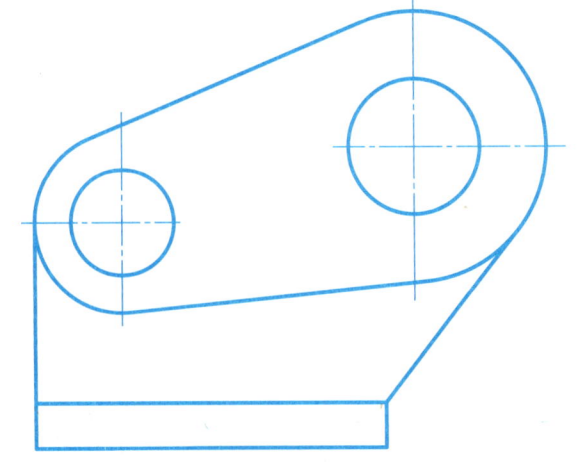

| 1-5　基本练习（一） | 班级 | 学号 | 姓名 |

第一次绘图作业——基本练习（一）
作业指导书

1. 作业的目的和要求

1）熟悉有关图幅、图线及字体的国家标准，了解国家标准《技术制图》的其他规定。

2）掌握绘图仪器及工具的正确使用方法。线型规范，同类图线全图一致，字体工整，连接光滑，图面整洁。

2. 作业内容及格式

1）在 A3 图纸上抄画线型和几何图形。

2）图名：基本练习。

3）比例：1∶1。

4）图号：01-01。

5）线型：粗实线宽度为 0.5mm，其他线型宽度约为粗实线的 1/2。

6）字体：标题栏中图名用 10 号字，其他文字用 5 号字。

3. 绘图步骤及注意事项

1）布置图面：将所绘图形安排在图纸中的适当位置。

2）用 H 或 2H 铅笔画出底图。

3）检查并加深图线：应先加深圆弧和曲线，后加深直线；按"从上到下，从左到右，先水平线，再垂直线，后斜线"的顺序加深直线。

4）标注尺寸，填写标题栏。

5）检查，确认，签名。

(1) 线型

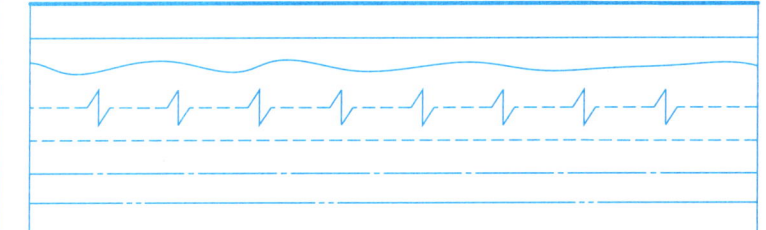

(2) 几何图形

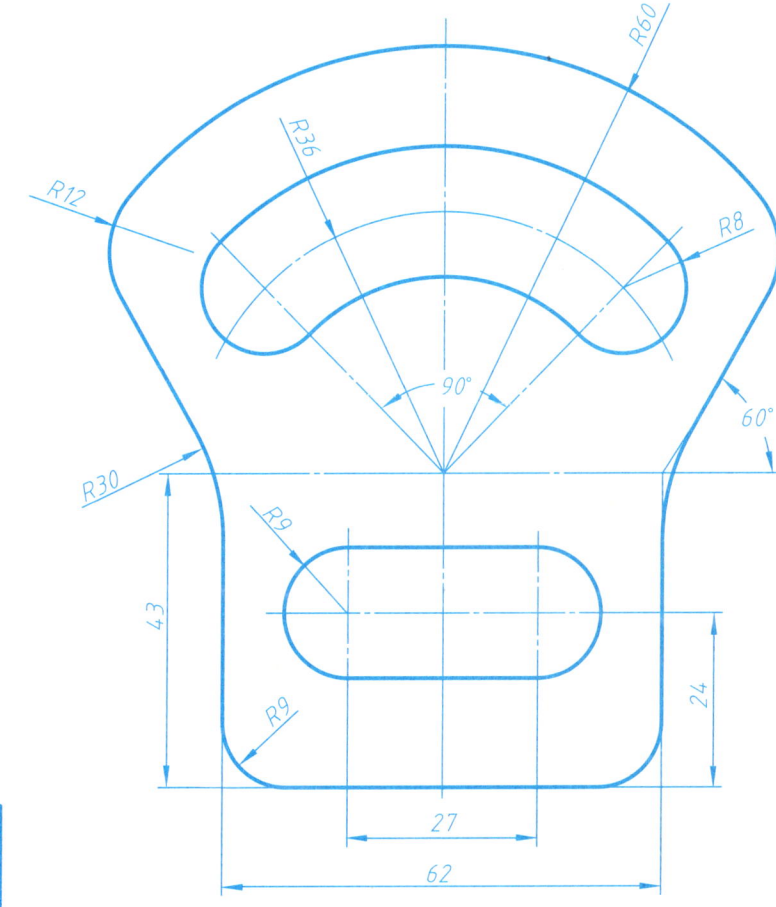

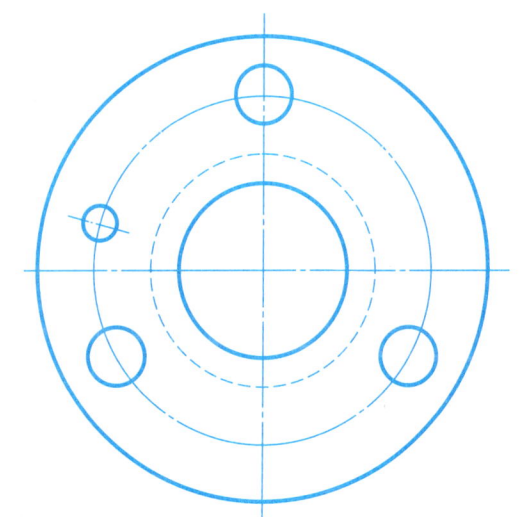

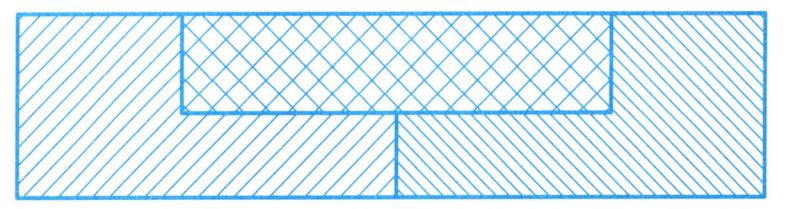

1-6 基本练习（二）

班级　　　学号　　　姓名

第二次绘图作业——基本练习（二）

作业指导书

1. 作业目的和要求

1）学习平面图形的尺寸分析，根据零件轮廓图上的尺寸，分析绘图的顺序。

2）按照国家标准中尺寸标注的相关规定，正确标注尺寸，要求全图箭头大小一致，尺寸数字一律用 3.5 号字。

3）掌握圆弧连接的作图方法，根据圆弧的连接方法，正确画出零件轮廓的每一条图线；线型规范，同类图线全图一致，连接光滑，图面整洁。

4）树立严谨、细致、一丝不苟的工作作风和有条不紊的绘图习惯。

2. 作业内容及格式

1）在 A3 图纸上绘制由教师选定的两个零件轮廓图。

2）图名：圆弧连接。

3）图号：01-02。

4）比例：1∶1。

3. 绘图步骤及注意事项

1）根据指定的两个零件轮廓图布置图面，绘制定位线，使图形布局合理。

2）分析图形尺寸，确定画图步骤：①画已知线段；②画中间线段；③画连接线段。

3）检查、加深图线。

4）标注尺寸，填写标题栏。

5）检查、整理全图。

(1) 吊钩　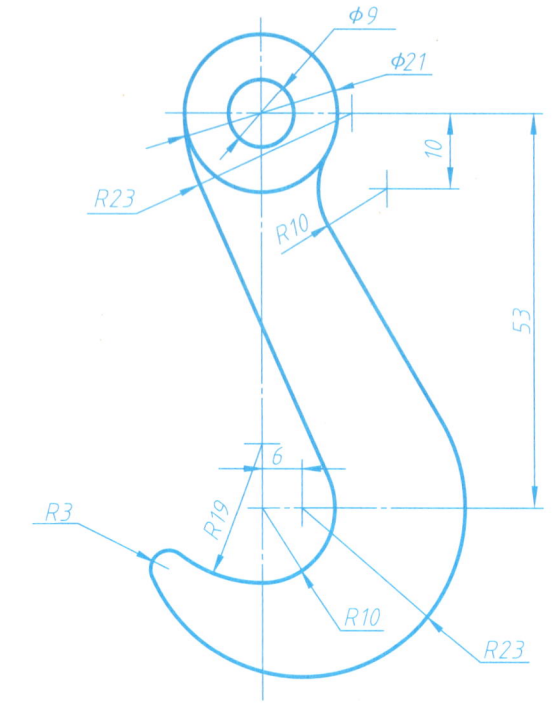

(2) 拖钩　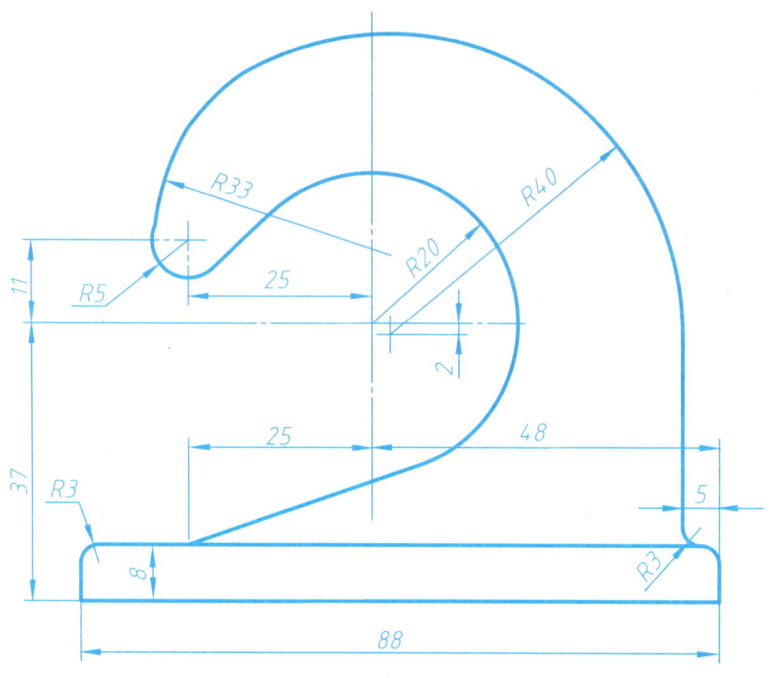

(3) 扳手　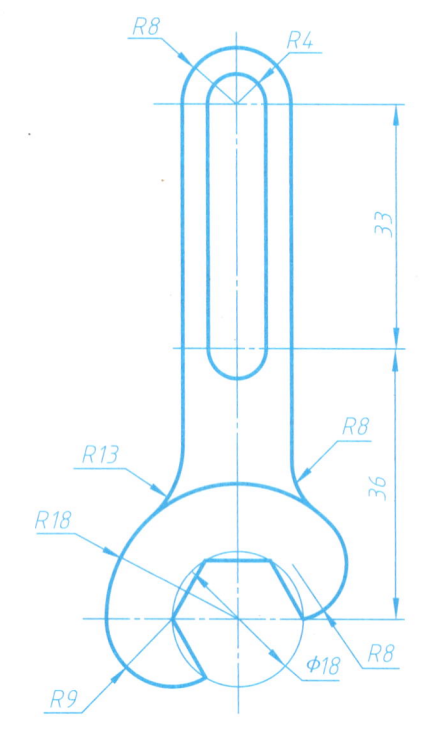

(4) 挂轮架　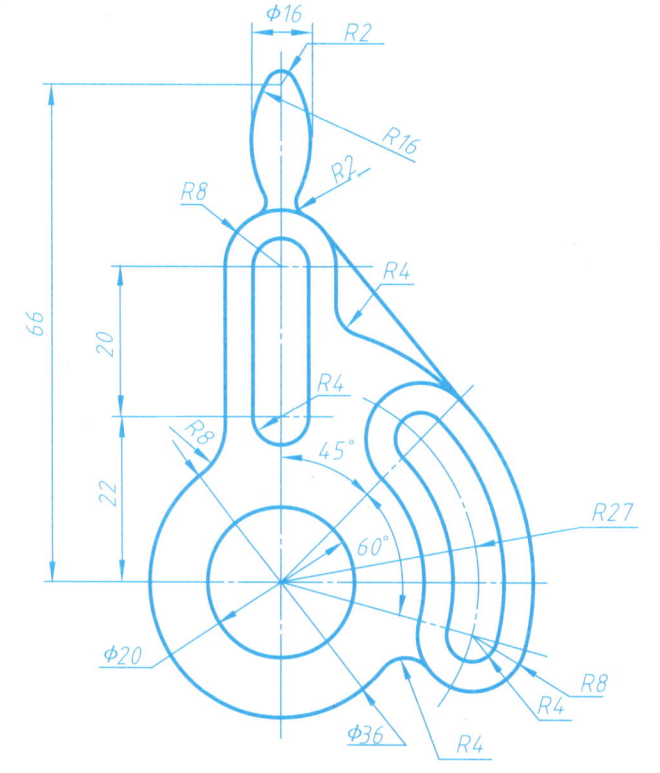

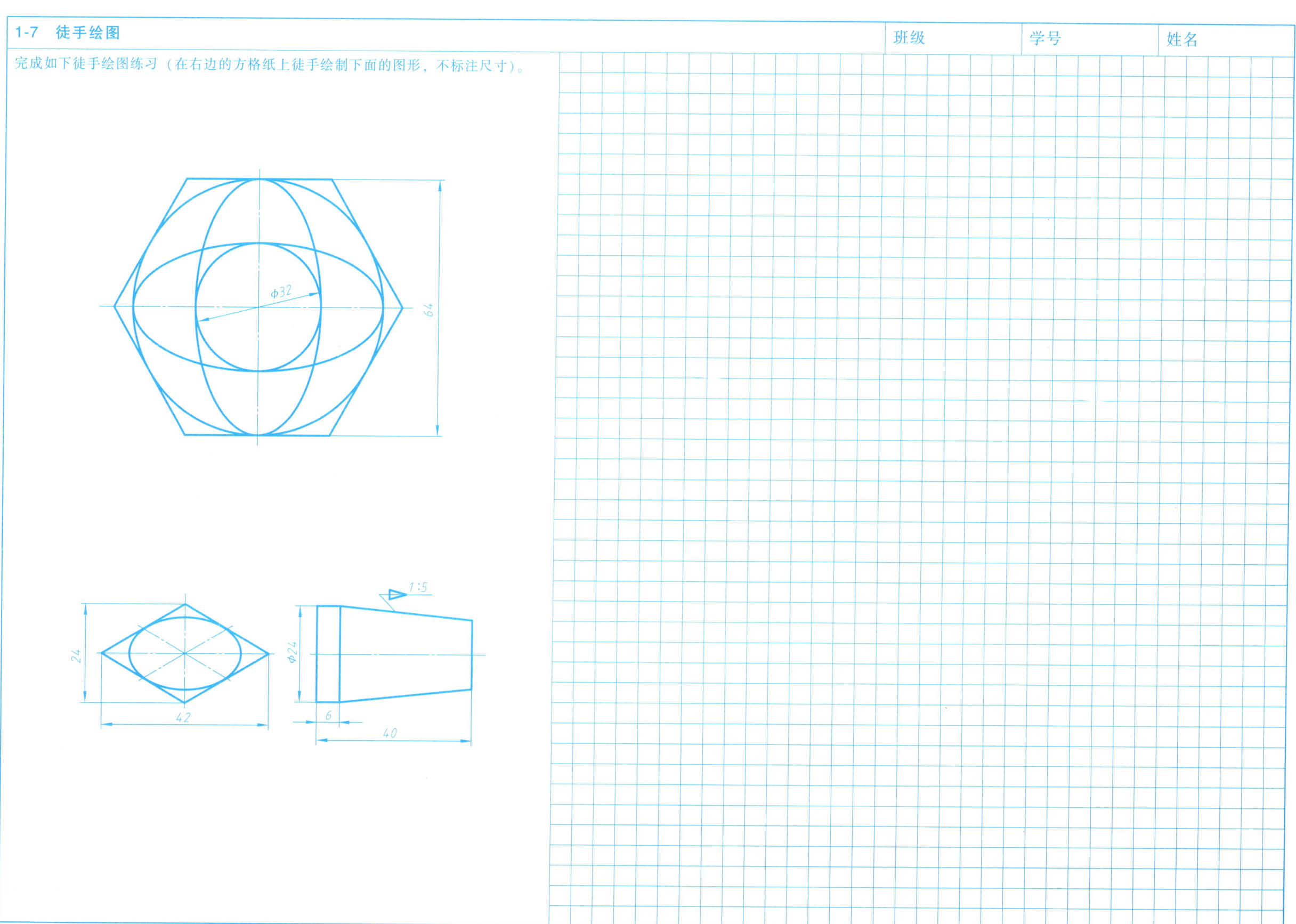

第二章 点、直线、平面的投影

2-1 点的投影

班级　　　　学号　　　　姓名

1. 根据立体图中各点的空间位置，画出它们的三面投影图。

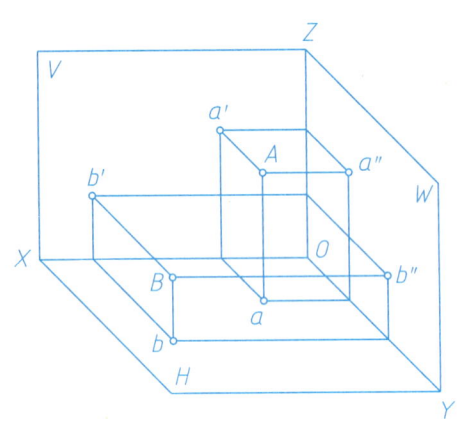

2. 根据给出的投影，画出 A、B、C 三点的第三面投影并填写其坐标。

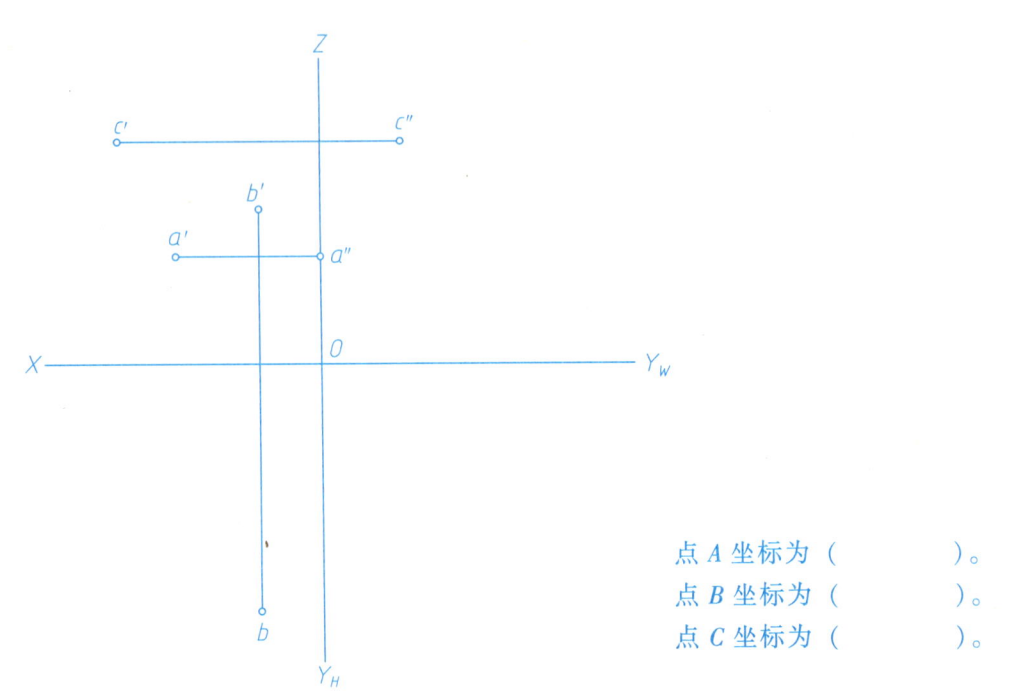

点 A 坐标为（　　　　）。
点 B 坐标为（　　　　）。
点 C 坐标为（　　　　）。

3. 已知点 A 到 H 面的距离为 10mm，到 V 面的距离为 15mm，到 W 面的距离为 10mm，而点 B 在点 A 的左侧 5mm、下方 6mm、前方 10mm 处，画出它们的三面投影图。

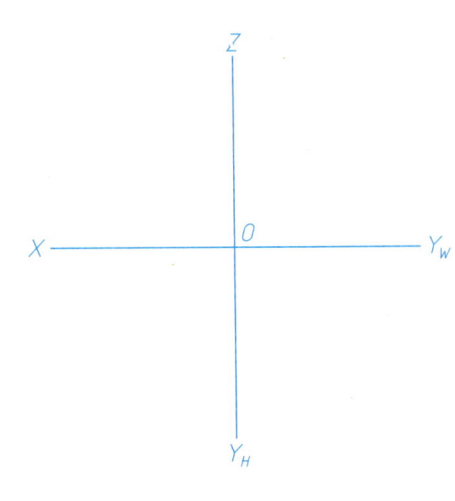

4. 比较 A、B、C 三点的相对位置：
点 B 在点 A 的（上、下）、（左、右）、（前、后）位置。
点 B 在点 C 的（上、下）、（左、右）、（前、后）位置。
点 C 在点 A 的（上、下）、（左、右）、（前、后）位置。

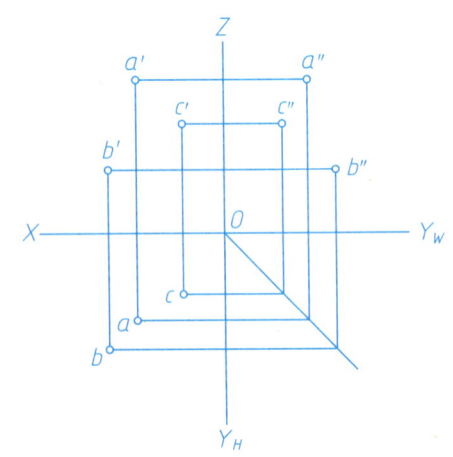

5. 在投影图上标注完全立体图上已指明的各顶点投影。

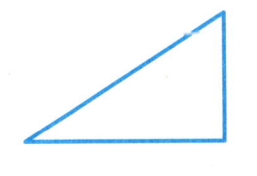

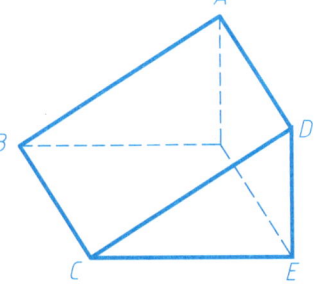

| 2-2 直线的投影 | 班级　　　学号　　　姓名 |

1. 求下列各直线的第三面投影，并判别直线的空间位置。

（1）　　　　　　　　　（2）　　　　　　　　　（3）　　　　　　　　　（4）

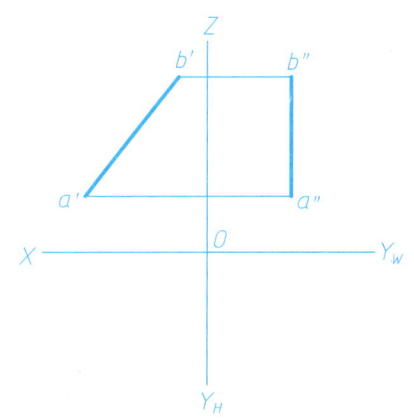
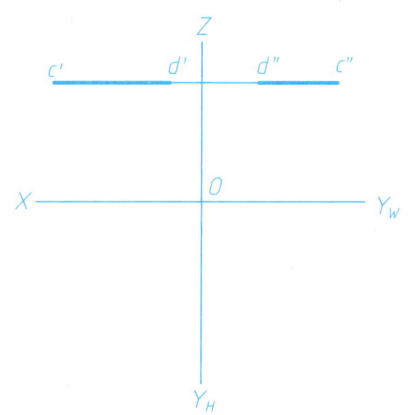
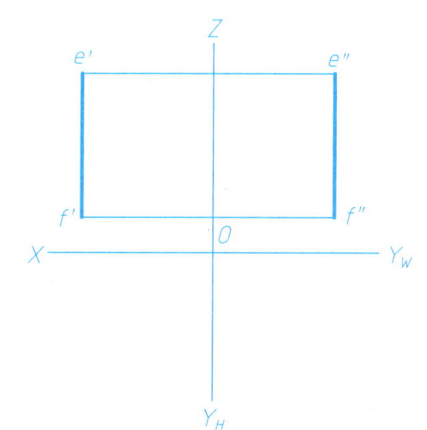
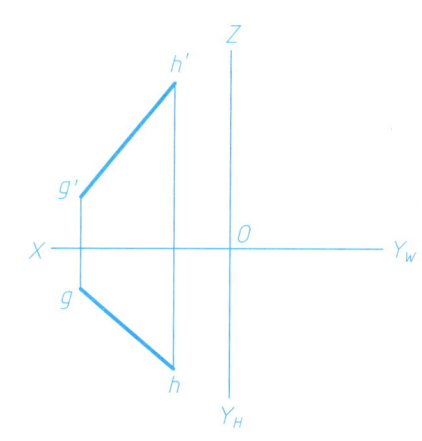

直线 AB 是＿＿＿＿线。　　直线 CD 是＿＿＿＿线。　　直线 EF 是＿＿＿＿线。　　直线 GH 是＿＿＿＿线。

2. 已知点 A 的两面投影，求作水平线 AB 的三面投影，使 AB=20mm，β=45°（点 B 在点 A 的右侧）。

3. 已知点 A 的两面投影，点 B 在点 A 的左侧 20mm、前方 15mm、上方 10mm 处，求直线 AB 的三面投影。

4. 根据投影图判别下列直线与投影面的相对位置，并补全第三面投影。

直线	与投影面的相对位置
AB	
AC	
BD	
AD	

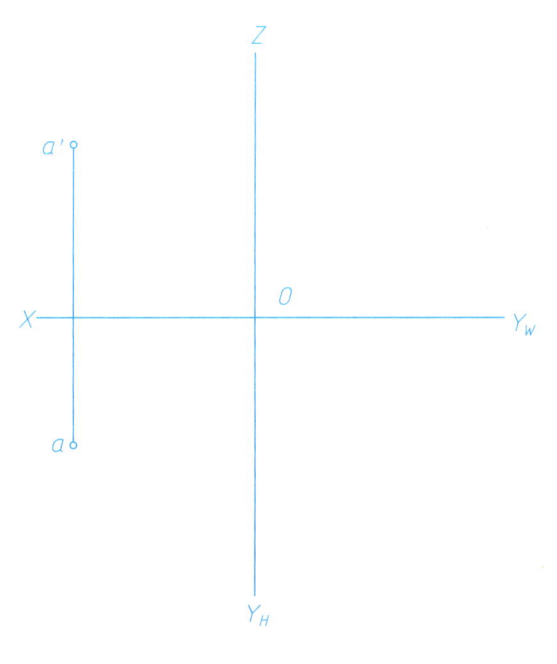
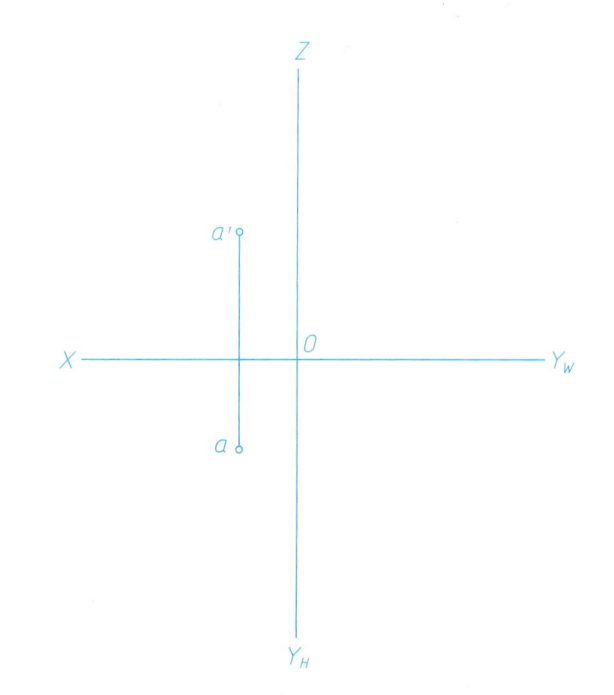
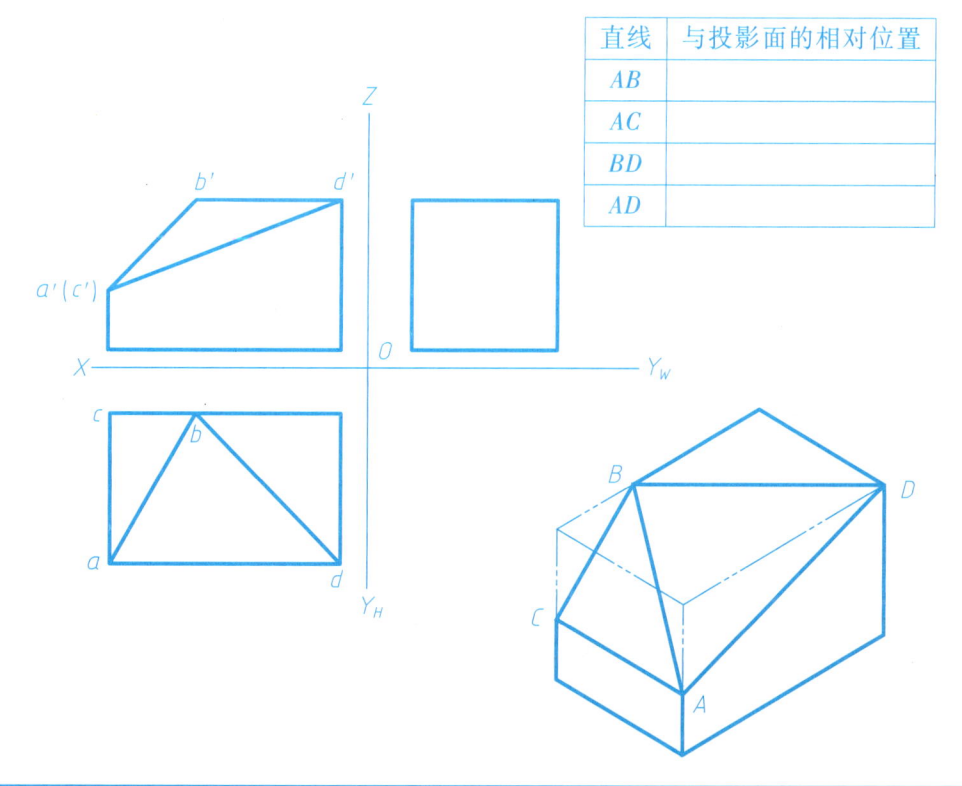

· 9 ·

| 2-2 直线的投影（续） | | 班级　　　学号　　　姓名 |

5. 求线段 AB 的实长及其对 H 面和 V 面的倾角。

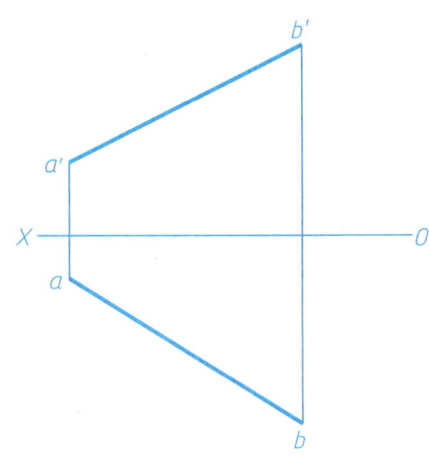

6. 根据已知条件，完成直线 AB 的投影。

（1）线段 AB 实长为 25mm。　　（2）直线 AB 对 V 面的倾角 $\beta=30°$。

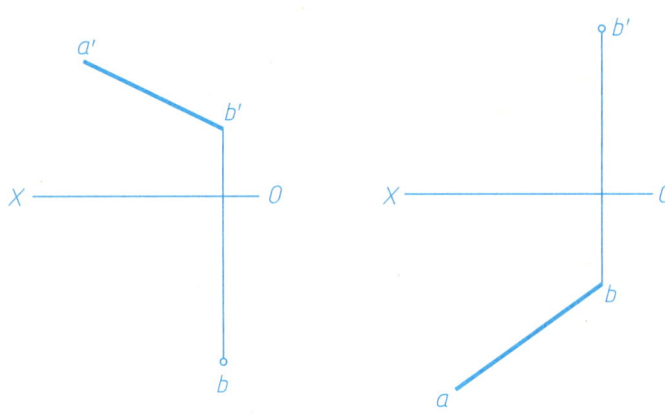

7. 已知直线 AB 的投影，求属于直线 AB 的点 K 的投影，使 BK = 25mm。

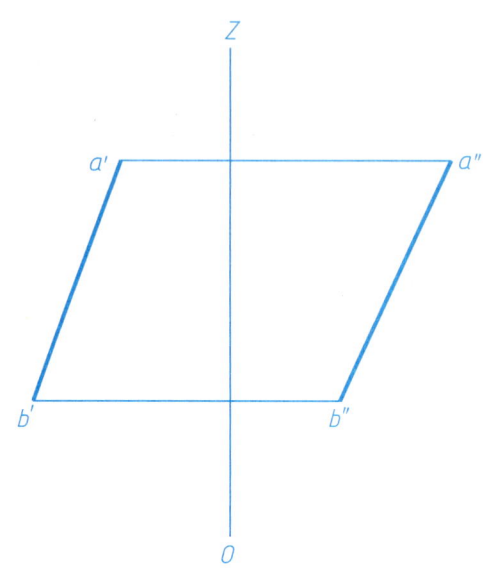

8. 已知点 K 属于直线 AB，且 AK : KB = 3 : 2，求作点 K 的投影。

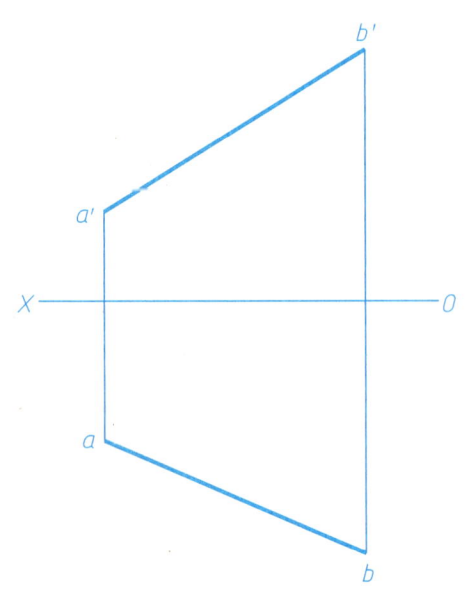

9. 已知点 M 在直线 CD 上并与 H、V 面的距离相等，求作点 M 的投影。

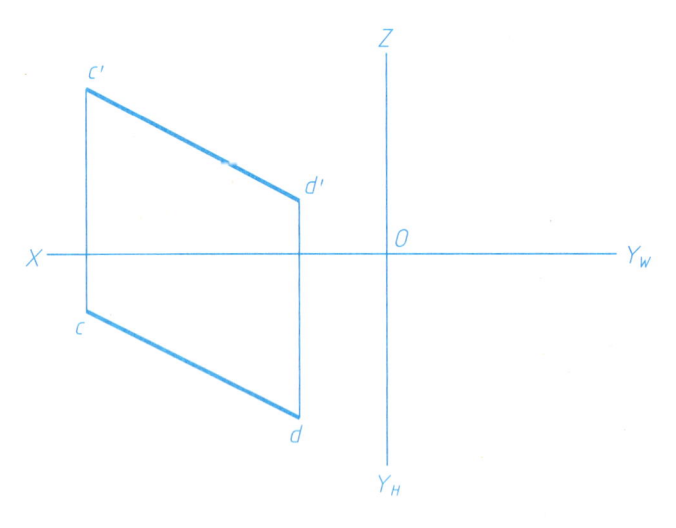

10. 判断点 K 是否属于直线 AB。

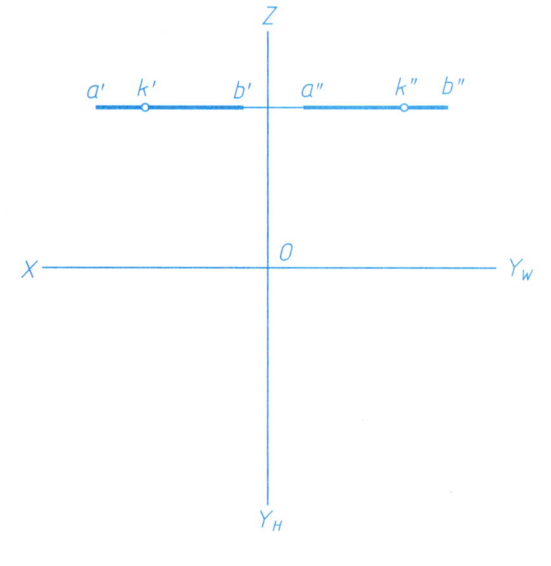

点 K _____ 直线 AB。

2-2 直线的投影（续） 班级　　学号　　姓名

11. 判断下列两直线的相对位置（相交、平行、交叉）。
(1)　　　　(2)　　　　(3)

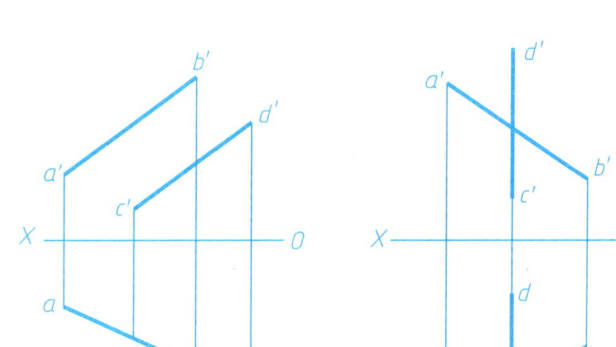

两直线_____。　　两直线_____。　　两直线_____。

12. 标出交叉两直线上的重影点，并判别可见性。

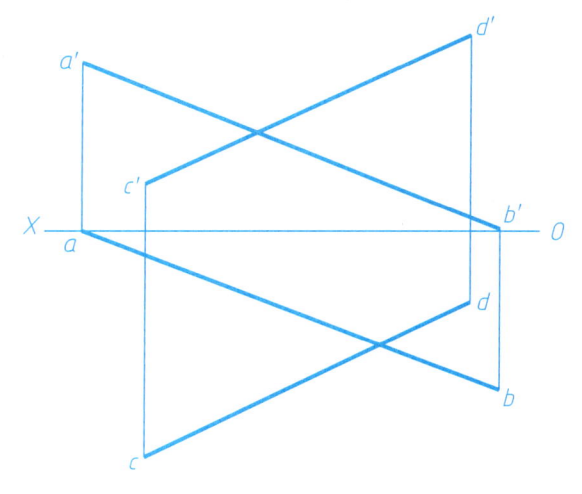

13. 求一正平线 EF，其距 V 面 15mm 并与直线 AB、CD 相交（点 E、F 分别在直线 AB、CD 上），作出其投影图。

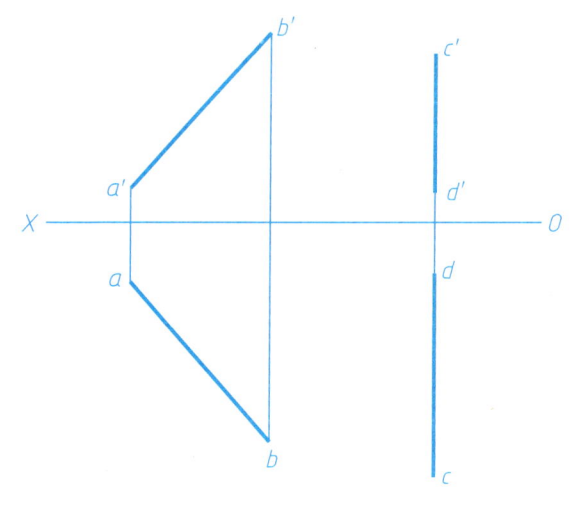

14. 求一条过点 C 的直线，使其与直线 AB 和 OX 轴都相交，作出其投影图。

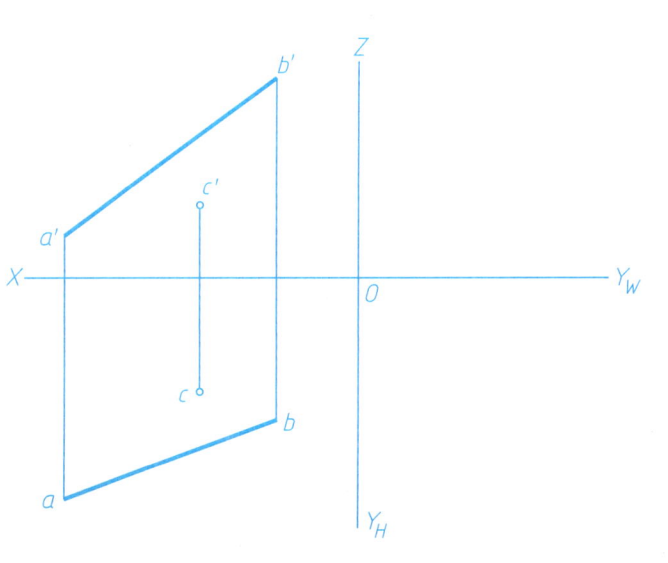

15. 已知等腰 △ABC 的顶点 C 在直线 EF 上，试完成此三角形的两面投影。

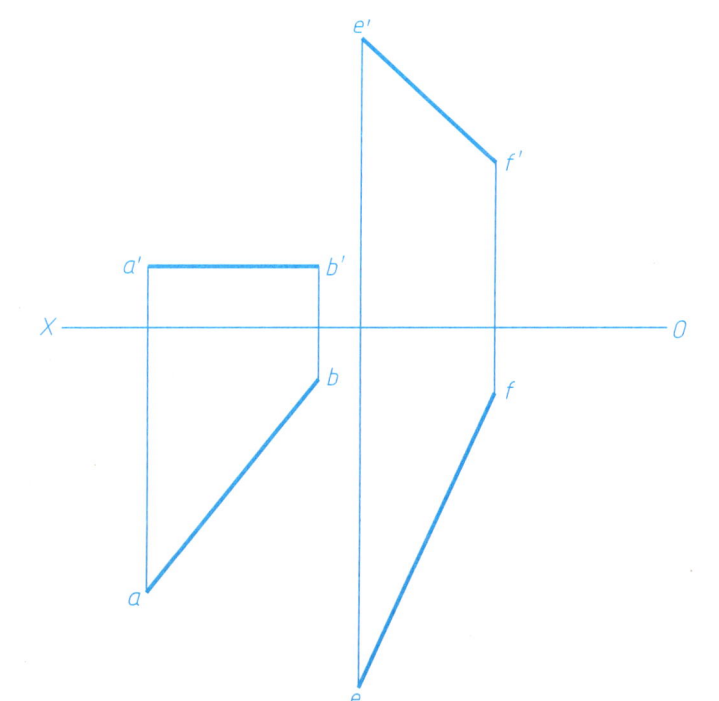

16. 已知菱形 ABCD 的对角线 BD 的两面投影和点 A 的水平投影，试完成菱形 ABCD 的投影图。

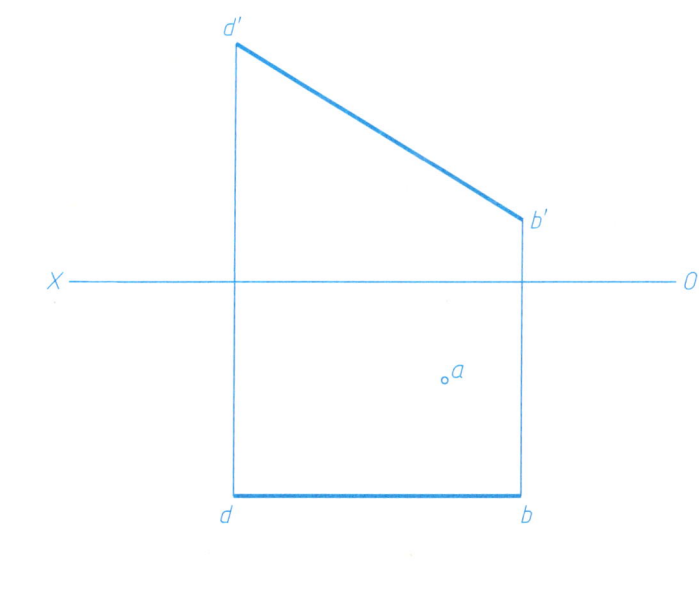

2-3 平面的投影

| 班级 | 学号 | 姓名 |

1. 按下列要求，求过直线的平面，作出其投影图（有多解时，只作一解）。

(1) 求过直线 AB 的一般位置平面　　(2) 求过直线 CD 的正垂面　　(3) 求过直线 AB 的水平面　　(4) 求过直线 CD 的正垂面

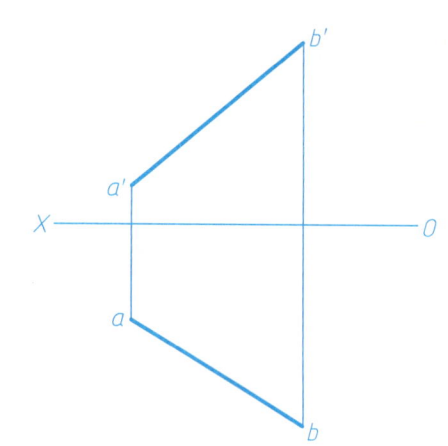 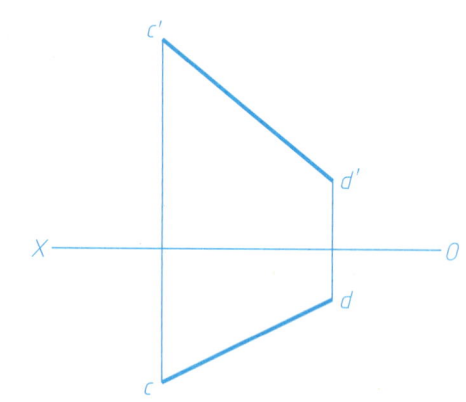 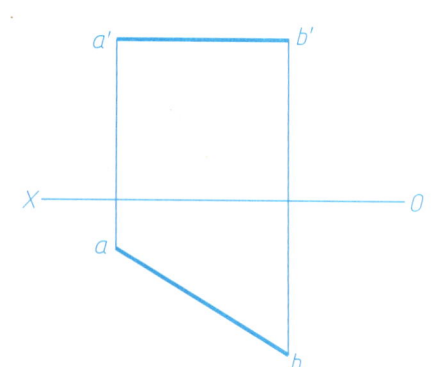 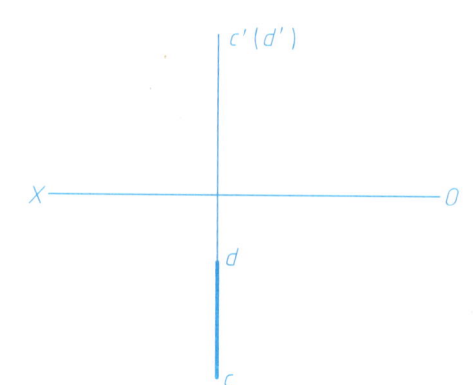

2. 在立体图上或投影图上，用字符标出平面 A、B、C、P 的位置并填空。

(1)　　　　　　　　　　　　　　　(2)　　　　　　　　　　　　　　　(3)

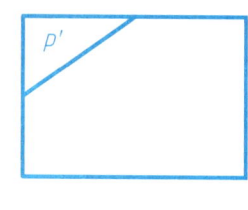 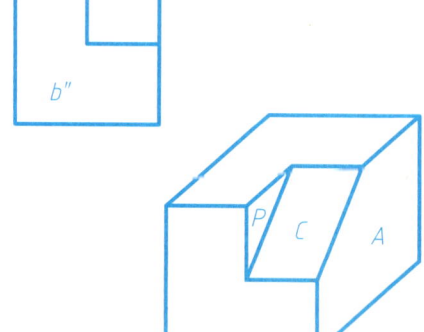 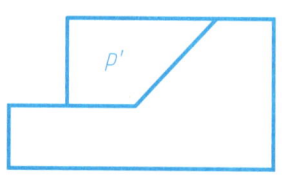 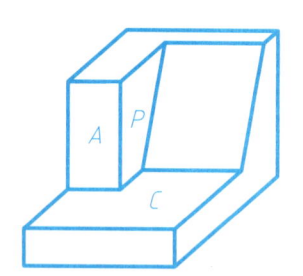 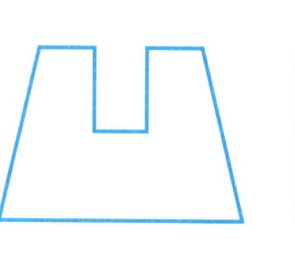 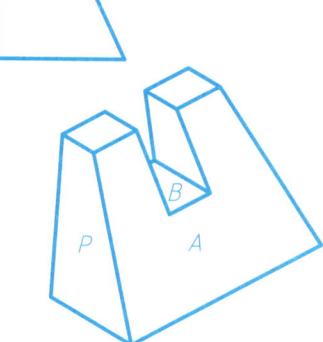
 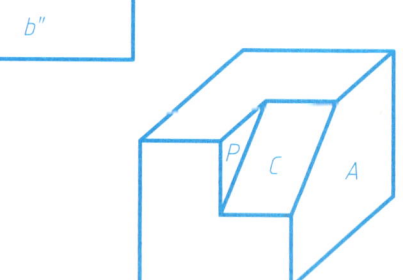 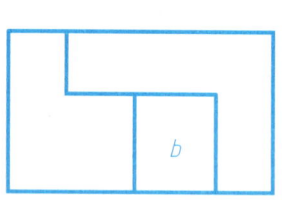 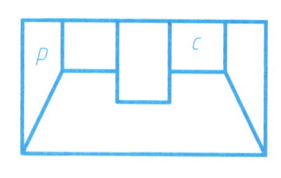

平面 P 是＿＿＿＿面，平面 A 是＿＿＿＿面，　　平面 P 是＿＿＿＿面，平面 A 是＿＿＿＿面，　　平面 P 是＿＿＿＿面，平面 A 是＿＿＿＿面，
平面 B 是＿＿＿＿面，平面 C 是＿＿＿＿面。　　平面 B 是＿＿＿＿面，平面 C 是＿＿＿＿面。　　平面 B 是＿＿＿＿面，平面 C 是＿＿＿＿面。

2-3 平面的投影（续）

3. 判断点 K、L 及直线 MN 是否属于平面 ABC。

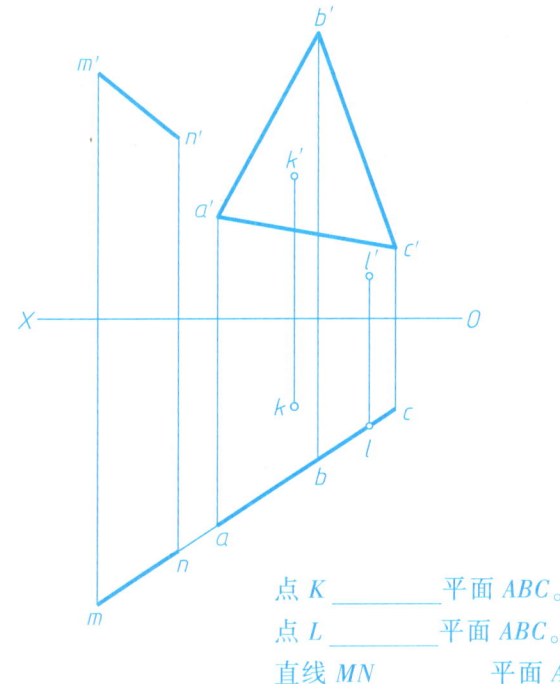

点 K _____ 平面 ABC。
点 L _____ 平面 ABC。
直线 MN _____ 平面 ABC。

4. 已知直线 EF 在给定的平面 ABC 上，试作出其水平投影。

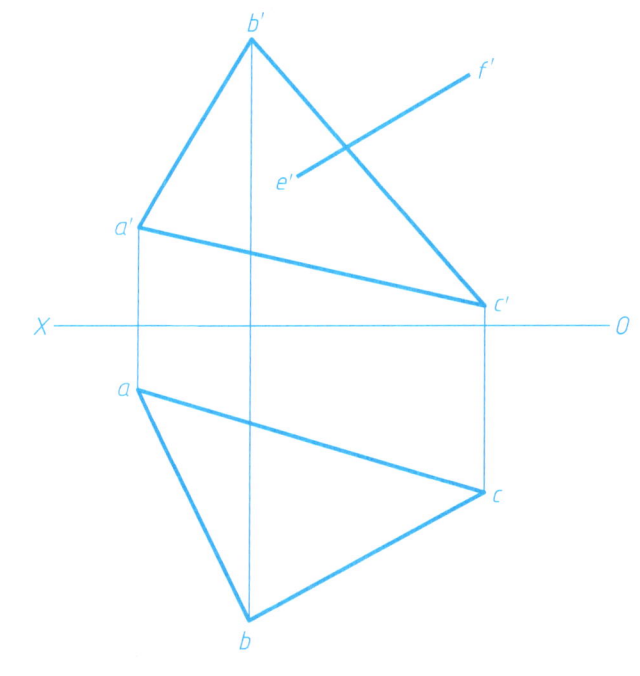

5. 在给定的平面 ABC 上找一点 K，使点 K 距 V 面 15mm，距 H 面 20mm，作出其两面投影。

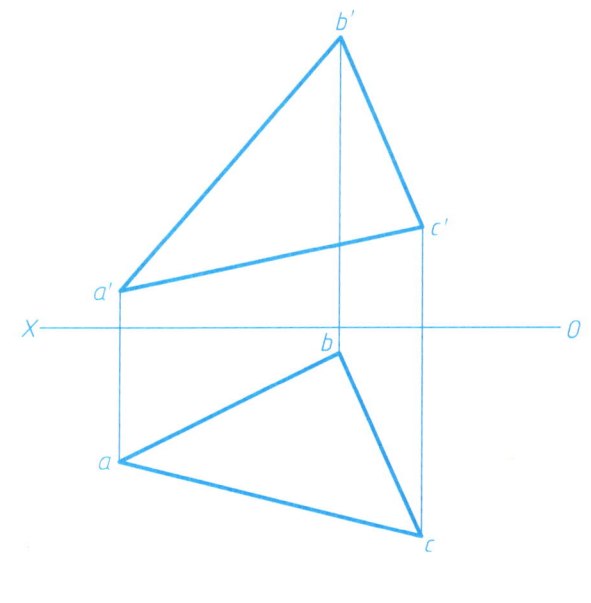

6. 已知直线 BE 为正平线，求平面五边形 ABCDE 的水平投影。

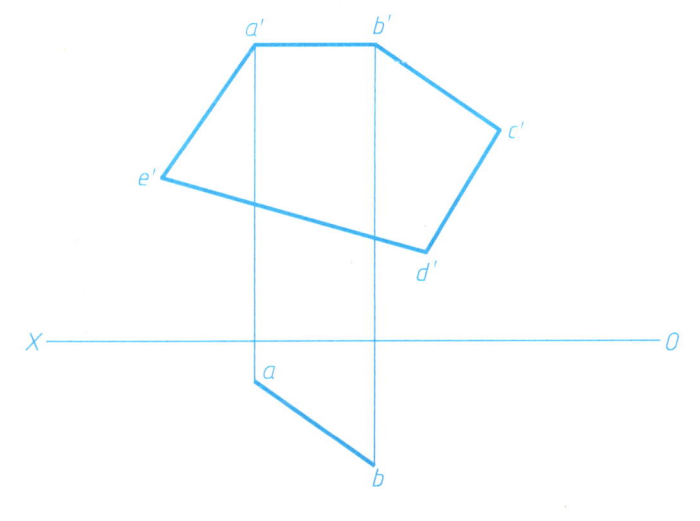

7. 已知水平线 AB 的两面投影，求菱形 ABCD 的正面投影。

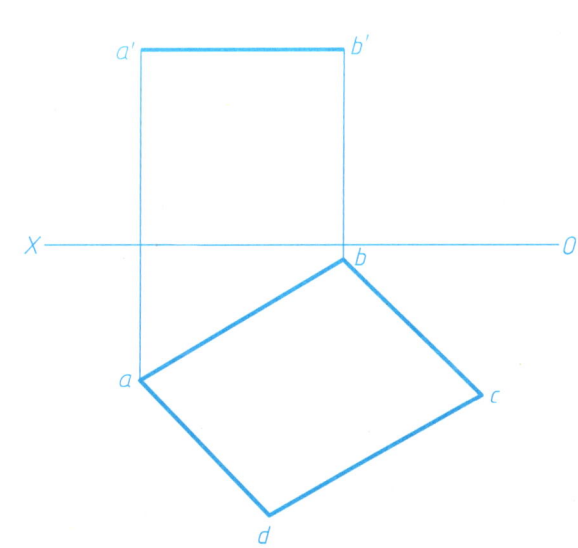

8. 已知平面四边形 ABCD 的边 BC 平行于 V 面，试完成该平面的水平投影。

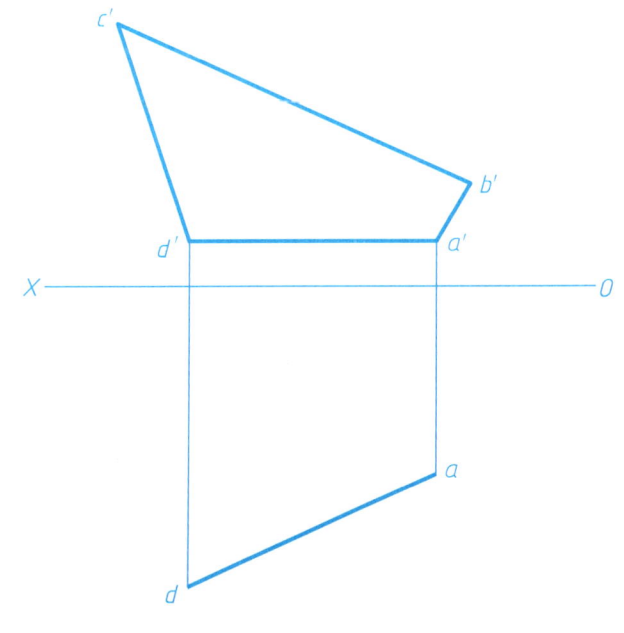

2-4 直线与平面及两平面间的相对位置

1. 判别直线与平面是否平行。

(1)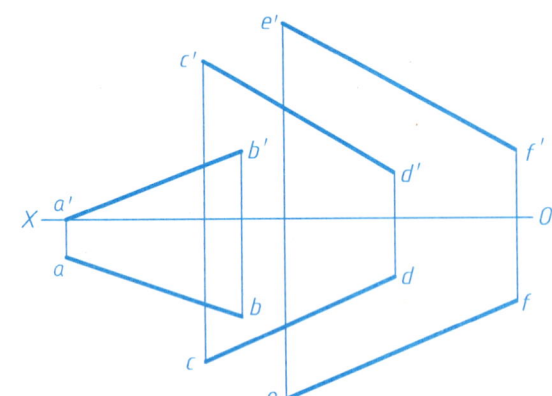

(2)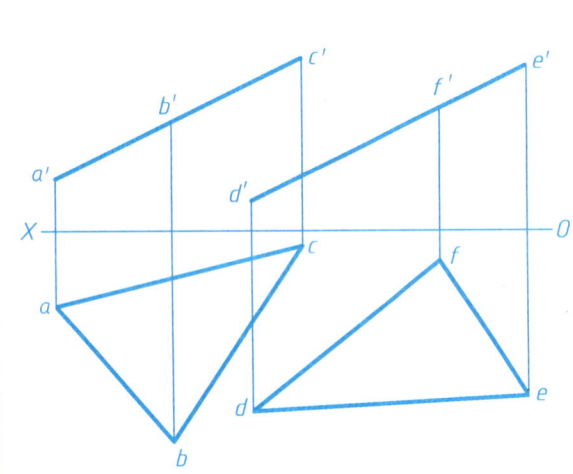

直线 AB 与 △CDE _____。

直线 AB 与平面 CDFE（CD∥EF）_____。

2. 判别两平面是否平行。

(1)

(2)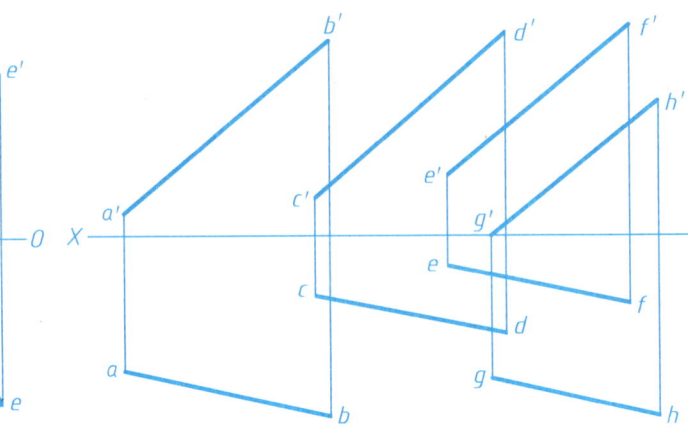

△ABC 与 △DEF _____。

平面 ABDC（AB∥CD）与平面 EFHG（EF∥GH）_____。

3. 求过点 D 的正平线 DE，使其平行于 △ABC，作出其两面投影。

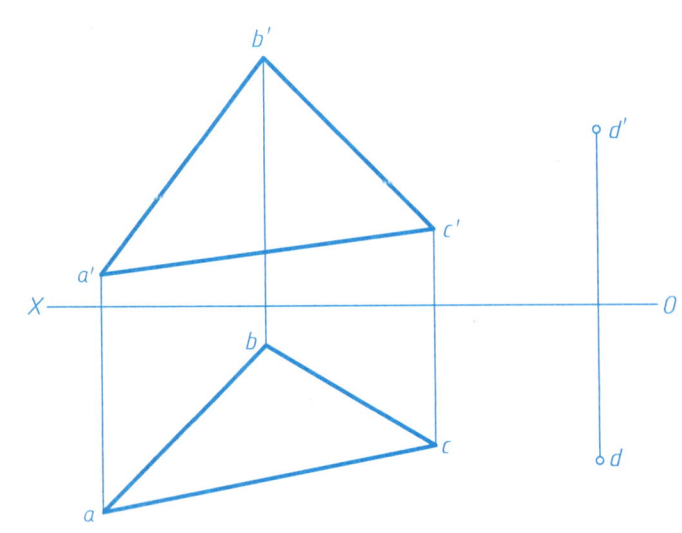

4. 已知 AB∥CD，平面 ABDC∥△EFG，完成平面 ABDC 的水平投影。

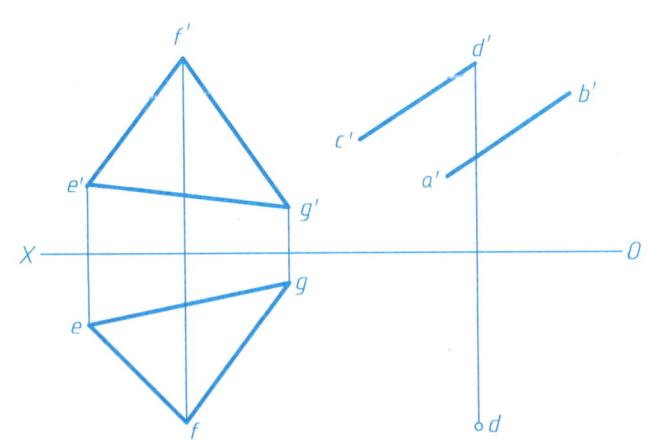

5. 已知 △ABC 平行于直线 DE、FG，补全 △ABC 的水平投影。

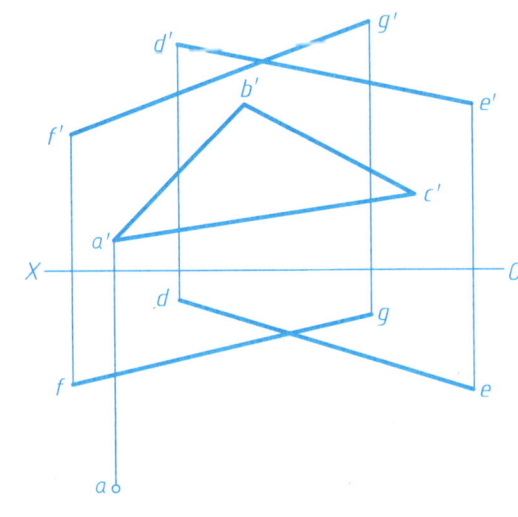

| 2-4 直线与平面及两平面间的相对位置（续） | 班级 | 学号 | 姓名 |

6. 求直线与平面的交点 K 的投影，并判别可见性。

(1) (2) (3) (4)

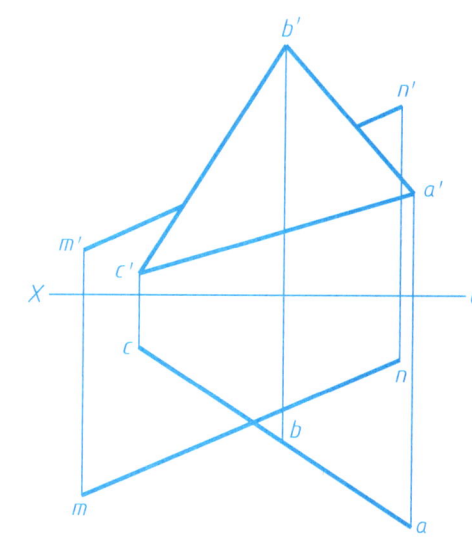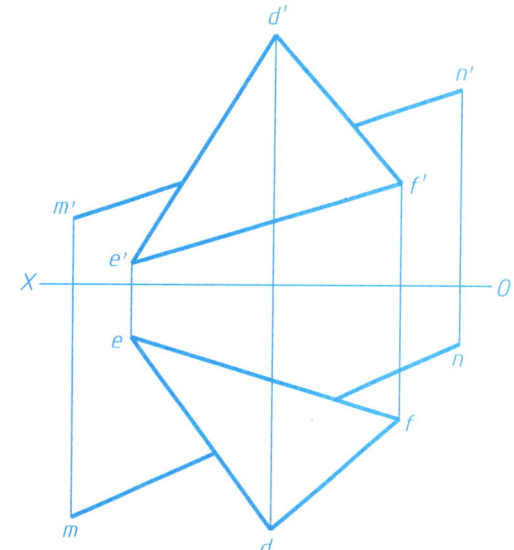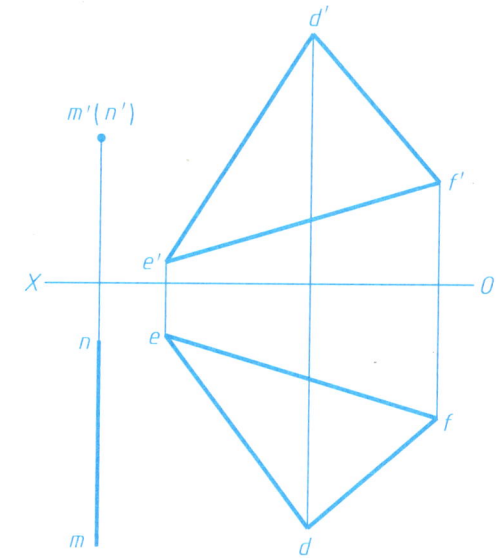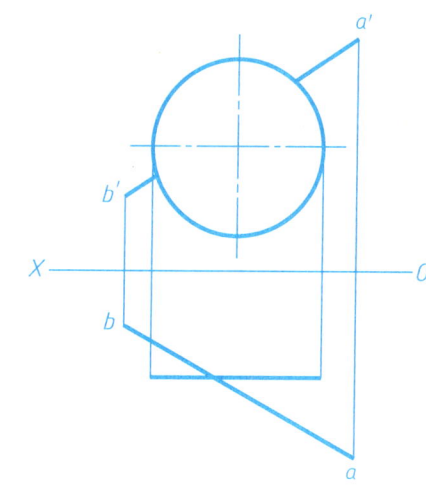

7. 求平面与平面的交线的投影，并判别可见性。

(1) (2)

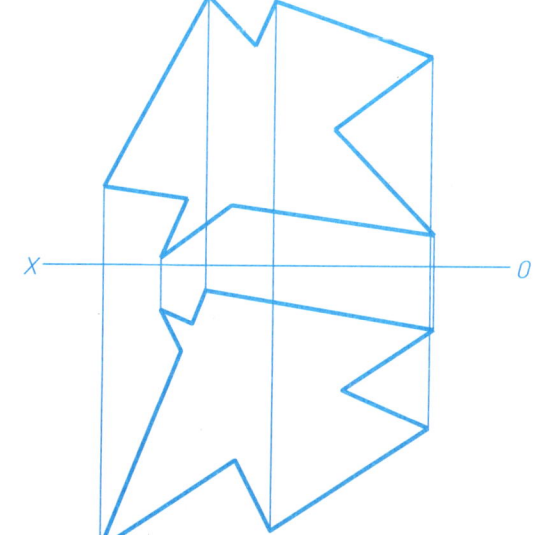

8. 求过点 A 的正平线 AM，使其与 △BCD 平行并与 △EFG 相交，求出交点 K 的投影，并判别可见性。

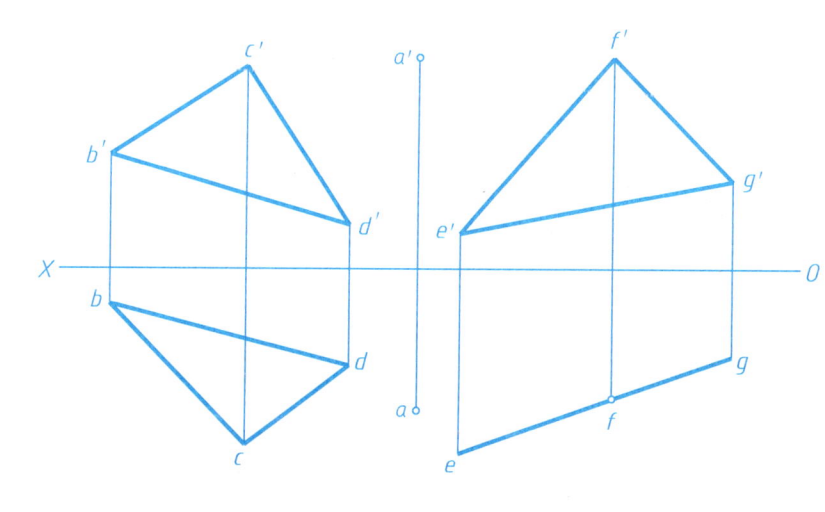

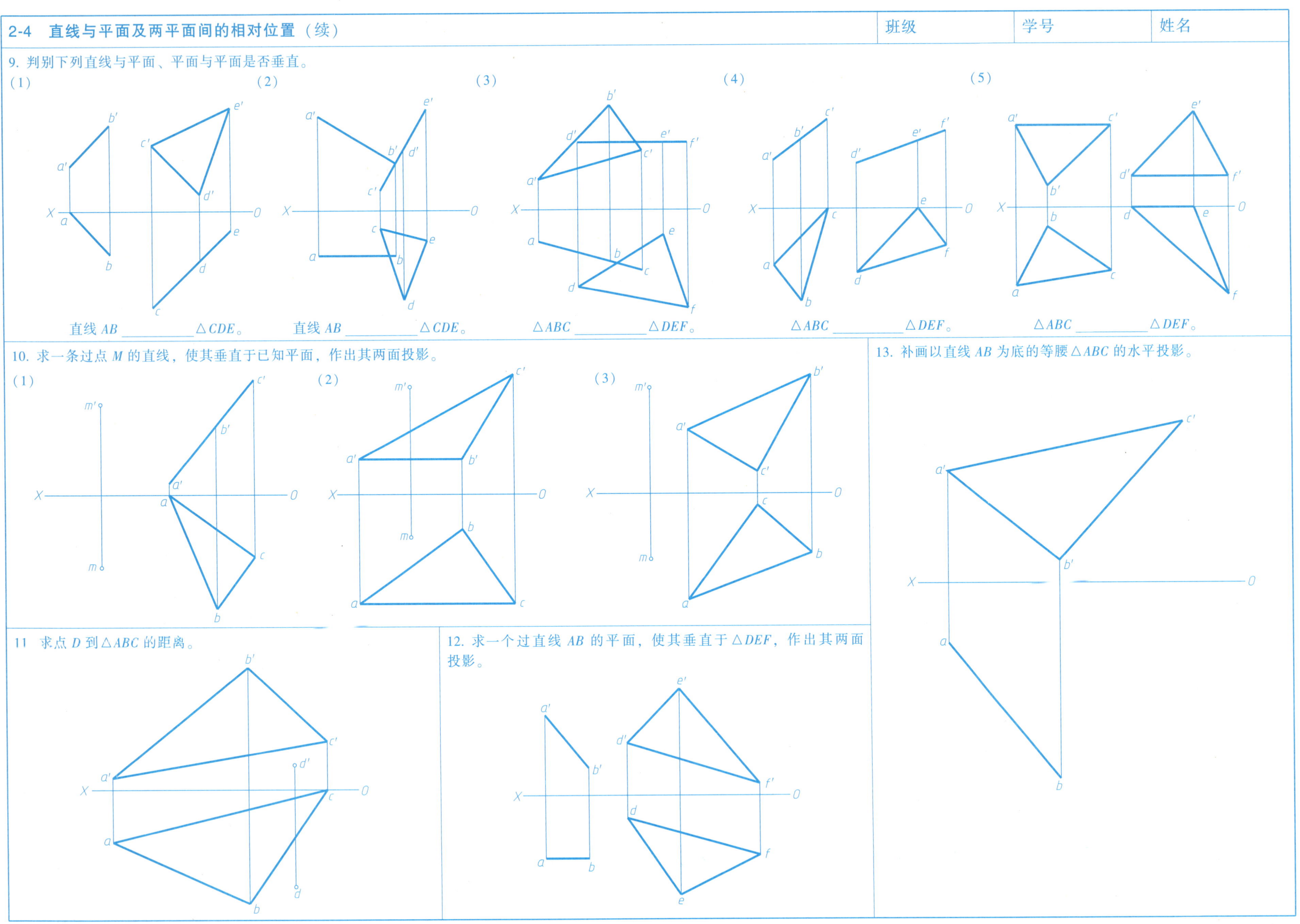

第三章 立体的投影

3-1 平面立体　　　　　班级　　　学号　　　姓名

1. 求作六棱柱的水平投影及其表面上点 A、B、C 的其他两面投影。

2. 求作五棱柱的侧面投影及其表面上点 A、B、C、D 的其他两面投影。

3. 求作六棱柱的侧面投影及其表面上折线 ABCD 的其他两面投影。

4. 求作三棱锥的侧面投影及其表面上点 A、B、C 的其他两面投影。

5. 求作四棱台的侧面投影及其表面上点 A、B 的其他两面投影。

6. 求作三棱锥的水平投影及其表面上折线 ABC 的其他两面投影。

3-2 曲面立体

班级　　　学号　　　姓名

1. 求作圆柱的水平投影及其表面上点的其他两面投影。

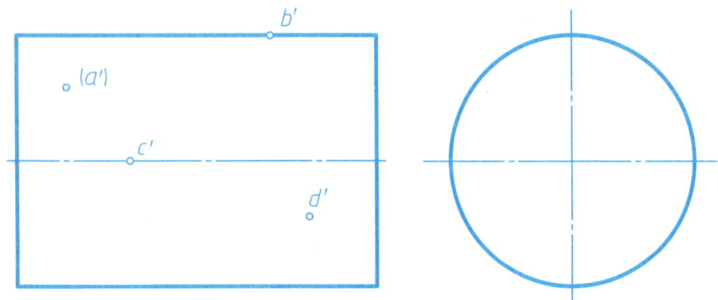

2. 求作圆锥的侧面投影及其表面上点的其他两面投影。

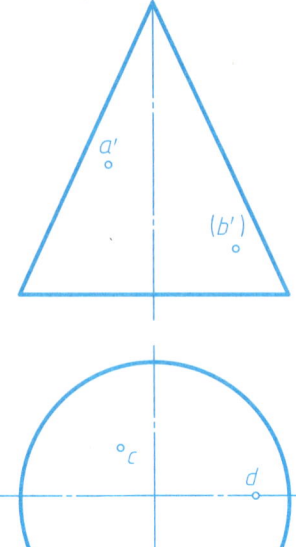

3. 求作圆球的水平投影及其表面上点的其他两面投影。

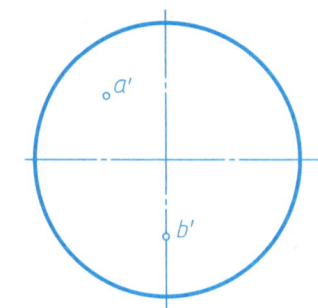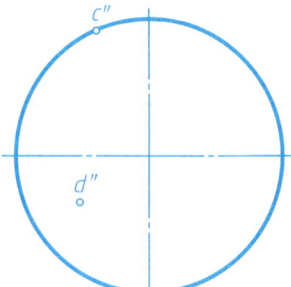

4. 求作圆环表面上点的水平投影。

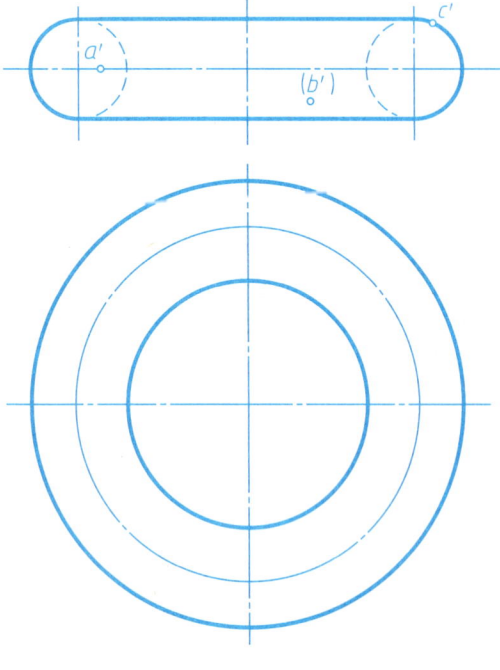

5. 求作圆柱表面上曲线的其他两面投影。

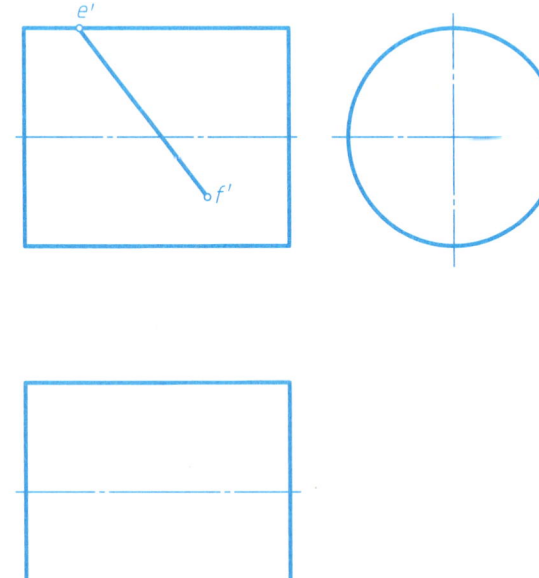

6. 求作圆锥表面上 AB、BC 两线段的其他两面投影。

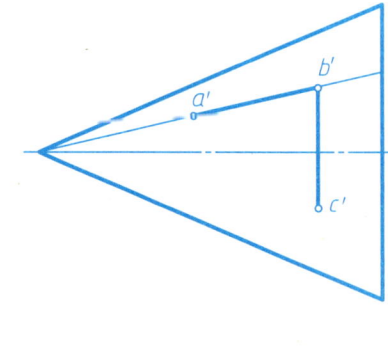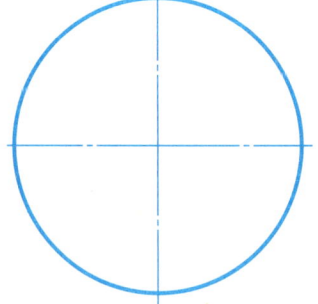
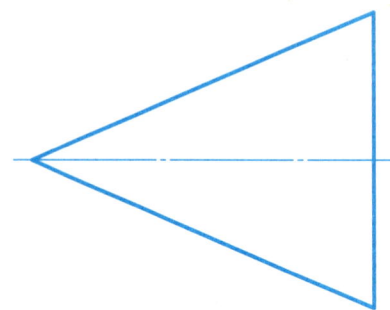

3-3 平面与立体表面交线　　　班级　　　学号　　　姓名

1. 求作立体的水平投影并用软件进行三维建模。

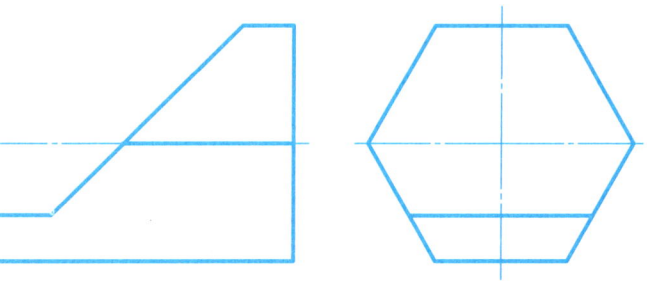

2. 求作立体的侧面投影并用软件进行三维建模。

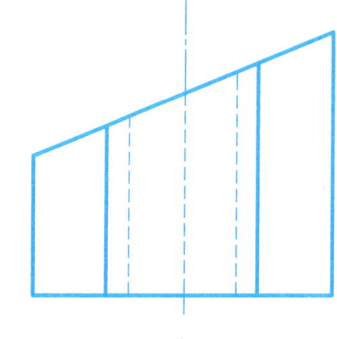
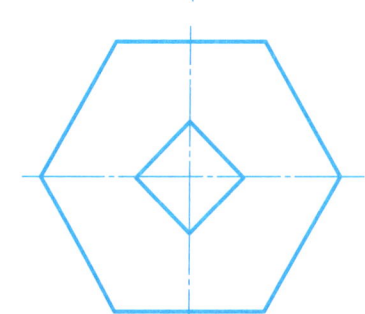

3. 求作立体的侧面投影并用软件进行三维建模。

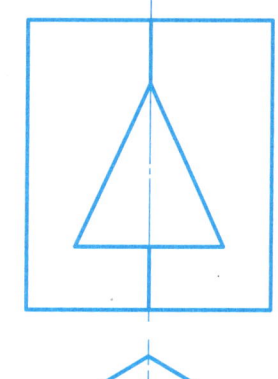
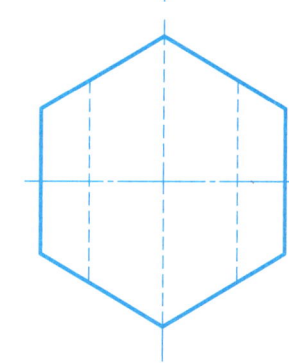

4. 求作四棱锥被截切后的侧面投影，补全水平投影，并用软件进行三维建模。

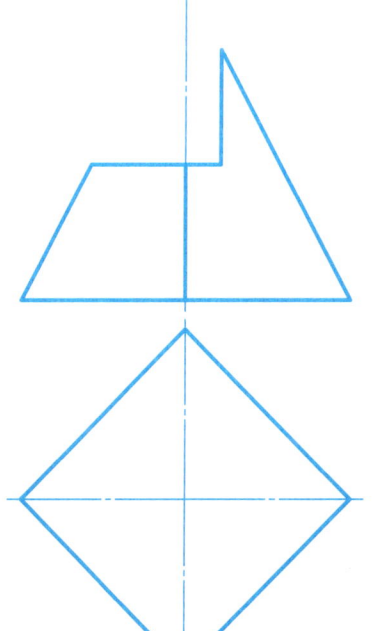

5. 求作三棱锥被截切后的侧面投影，补全水平投影，并用软件进行三维建模。

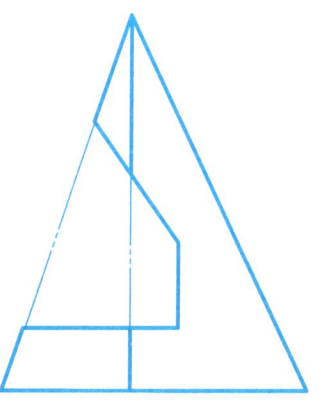
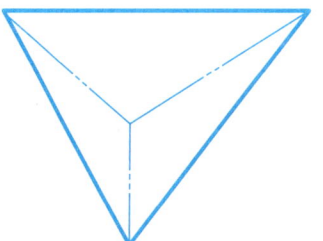

6. 已知四棱锥开一方孔，试补画水平投影和侧面投影中的所缺图线，并用软件进行三维建模。

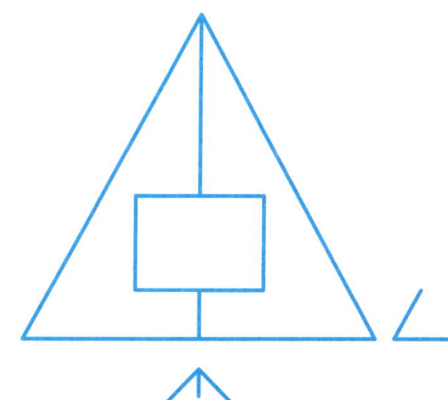
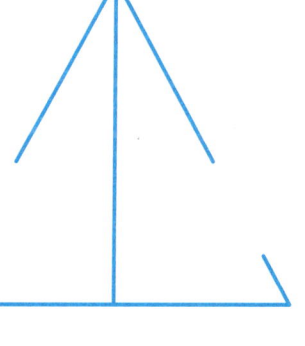
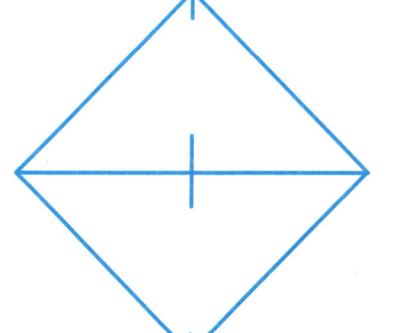

3-3 平面与立体表面交线（续）

班级　　　　学号　　　　姓名

7. 完成立体的侧面投影，并用软件进行三维建模。

(1)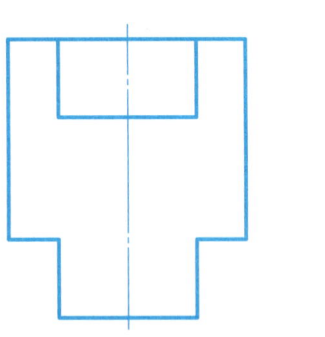

(2)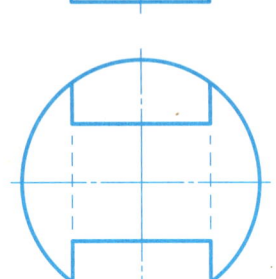

8. 补全三面投影中的所缺图线，并用软件进行三维建模。

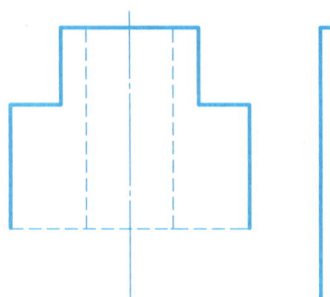 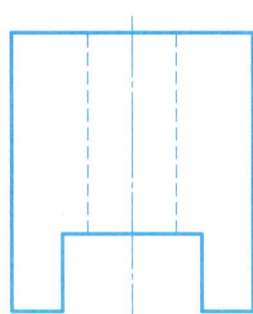
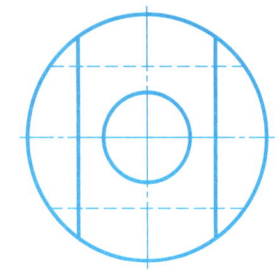

9. 完成立体的水平投影，并用软件进行三维建模。

(1)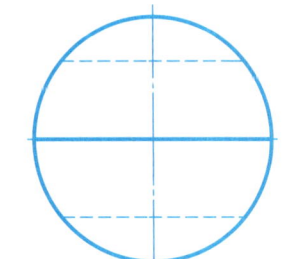

(2)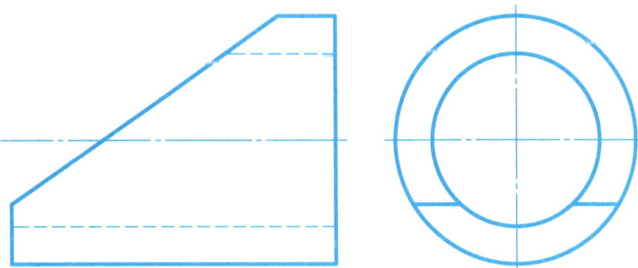

(3)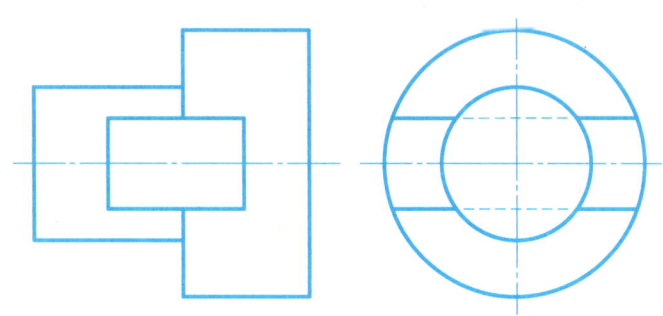

· 20 ·

| 3-3 平面与立体表面交线（续） | 班级 | 学号 | 姓名 |

10. 作出下列带切口或穿孔基本体的侧面投影，补全其水平投影，并用软件进行三维建模。

(1) (2) (3)

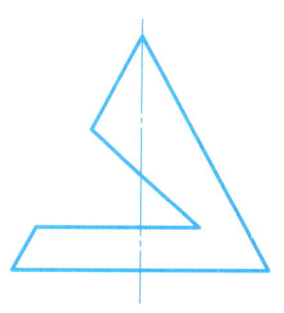
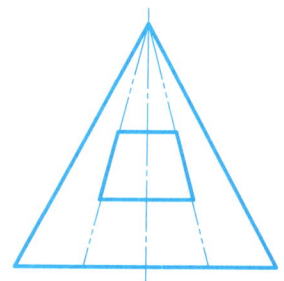

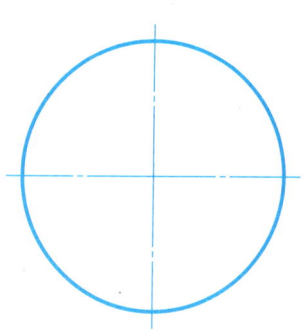

11. 补全下列切割体的各面投影，并用软件进行三维建模。

(1) (2)

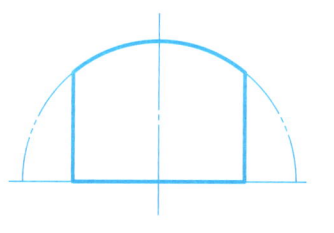
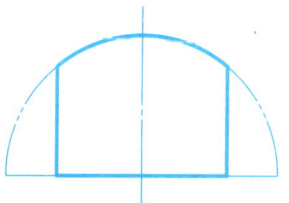
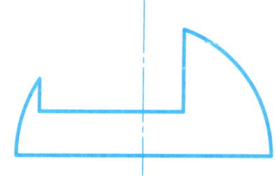
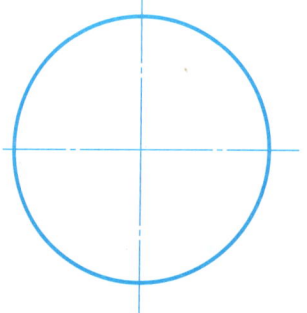

12. 画出水平投影，并用软件进行三维建模。

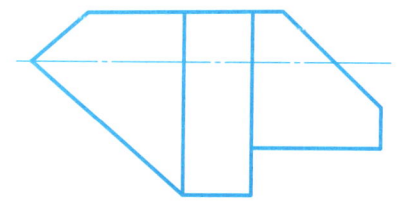
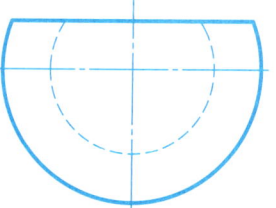

| 3-4 两回转体表面相交 | 班级 | 学号 | 姓名 |

1. 补全立体的水平投影，并用软件进行三维建模。

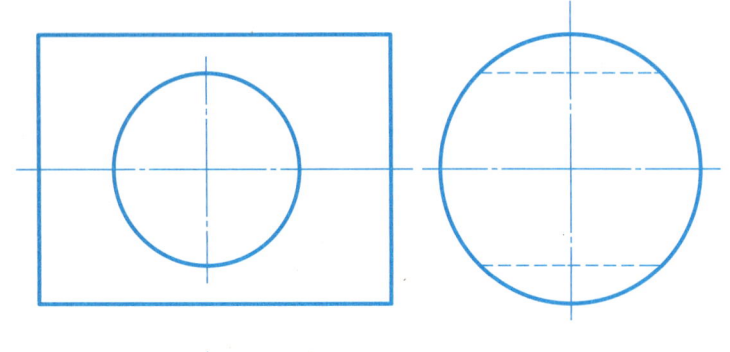

2. 补全立体的正面投影，并用软件进行三维建模。

(1)

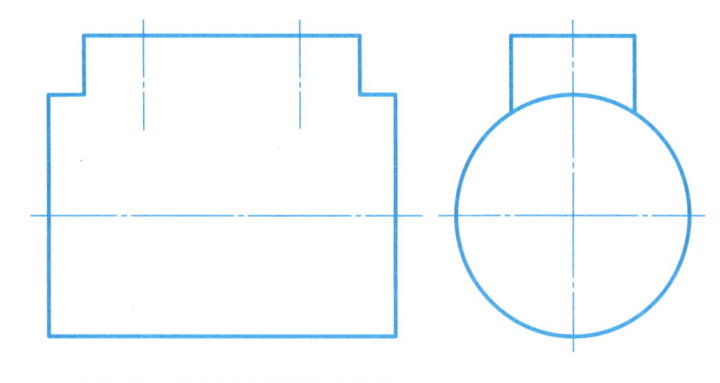

(2)

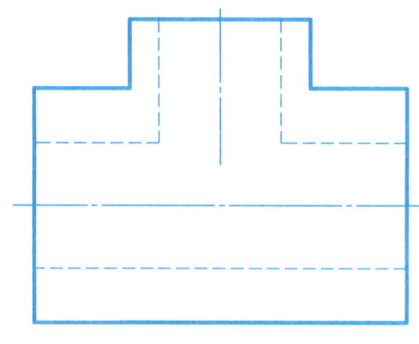
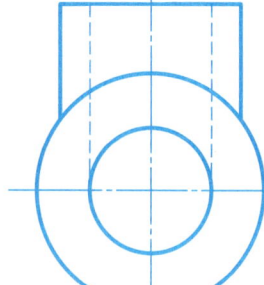
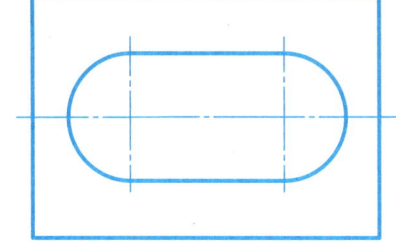
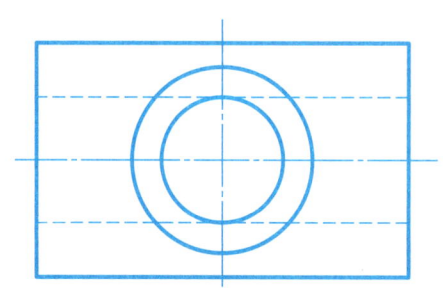

3. 求作圆柱被截切后的侧面投影，并用软件进行三维建模。

(1)

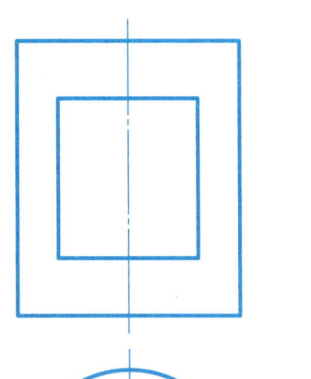

(2)

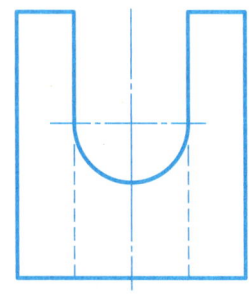
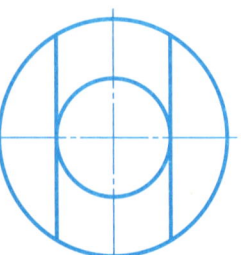

4. 求作立体的水平投影，并用软件进行三维建模。

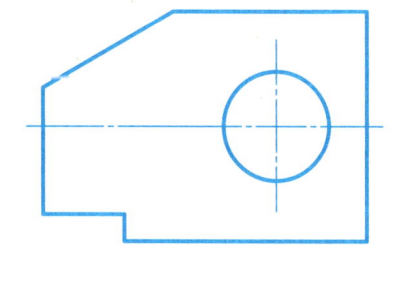
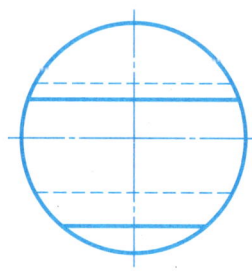
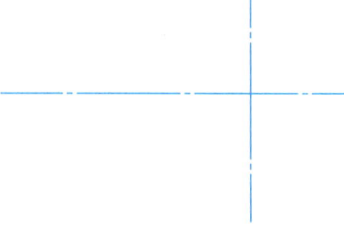

| 3-4 两回转体表面相交（续） | 班级 | 学号 | 姓名 |

5. 补全正面投影和侧面投影中的所缺图线，并用软件进行三维建模。

6. 补全正面投影和水平投影中的所缺图线，并用软件进行三维建模。

7. 补全三面投影中的所缺图线，并用软件进行三维建模。
（1）

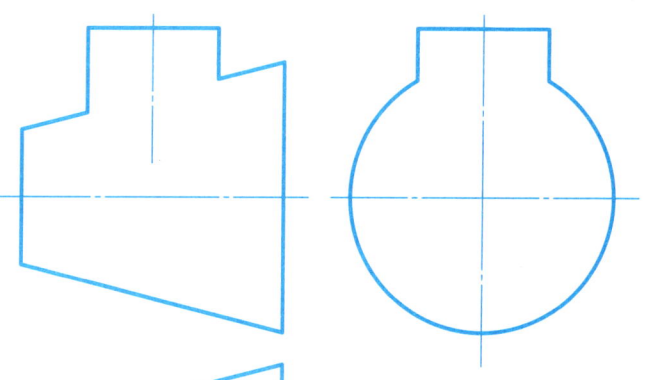
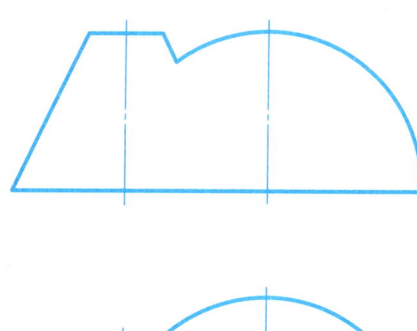
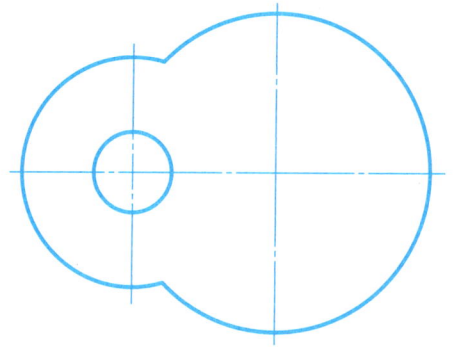
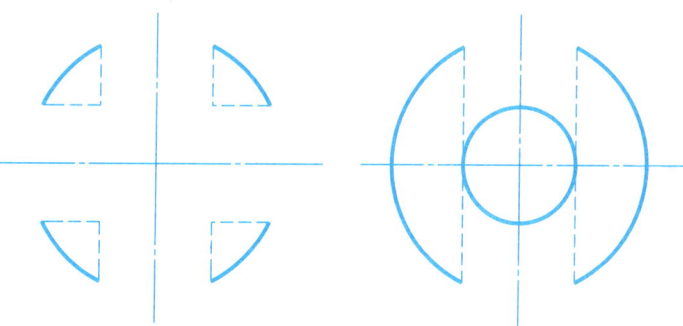
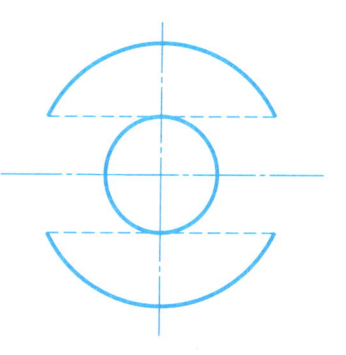

（2）

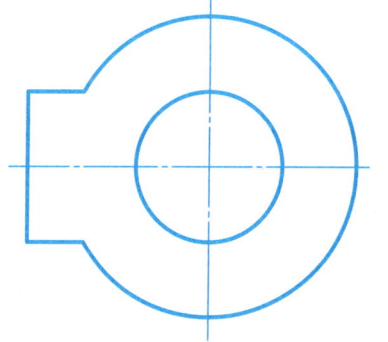
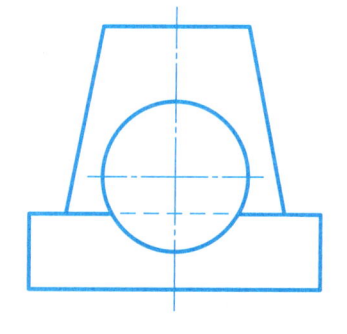

（3）

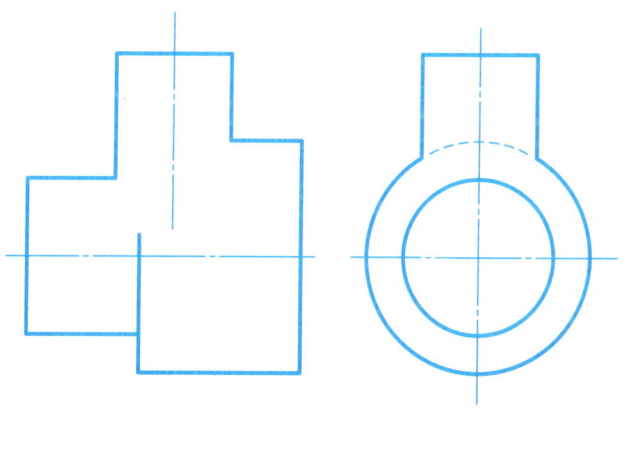
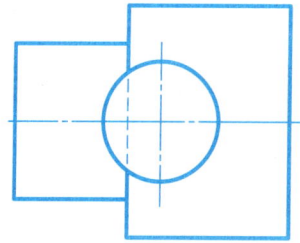

（4）

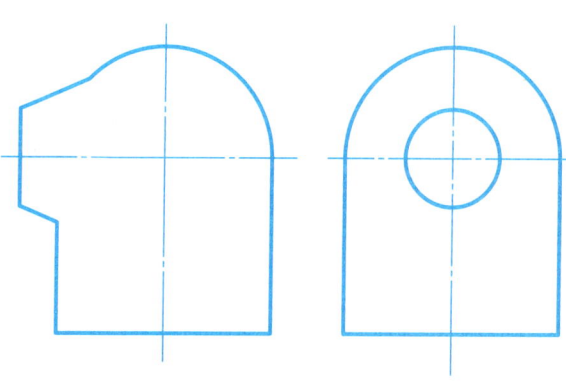
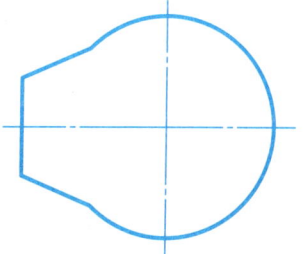

第四章 组合体视图

4-1 组合体的三视图   班级_____ 学号_____ 姓名_____

1. 根据已知的两个视图，选择正确的第三视图。

(1) 正确的俯视图是_____。

(2) 正确的左视图是_____。

(3) 正确的左视图是_____。

(4) 正确的左视图是_____。

(5) 正确的左视图是_____。

(6) 正确的左视图是_____。

4-1 组合体的三视图（续）

2. 读懂轴测图，在右侧找出所对应的三视图并将其编号填入圆圈内。

(1) (2) (3) (4) (5) (6)

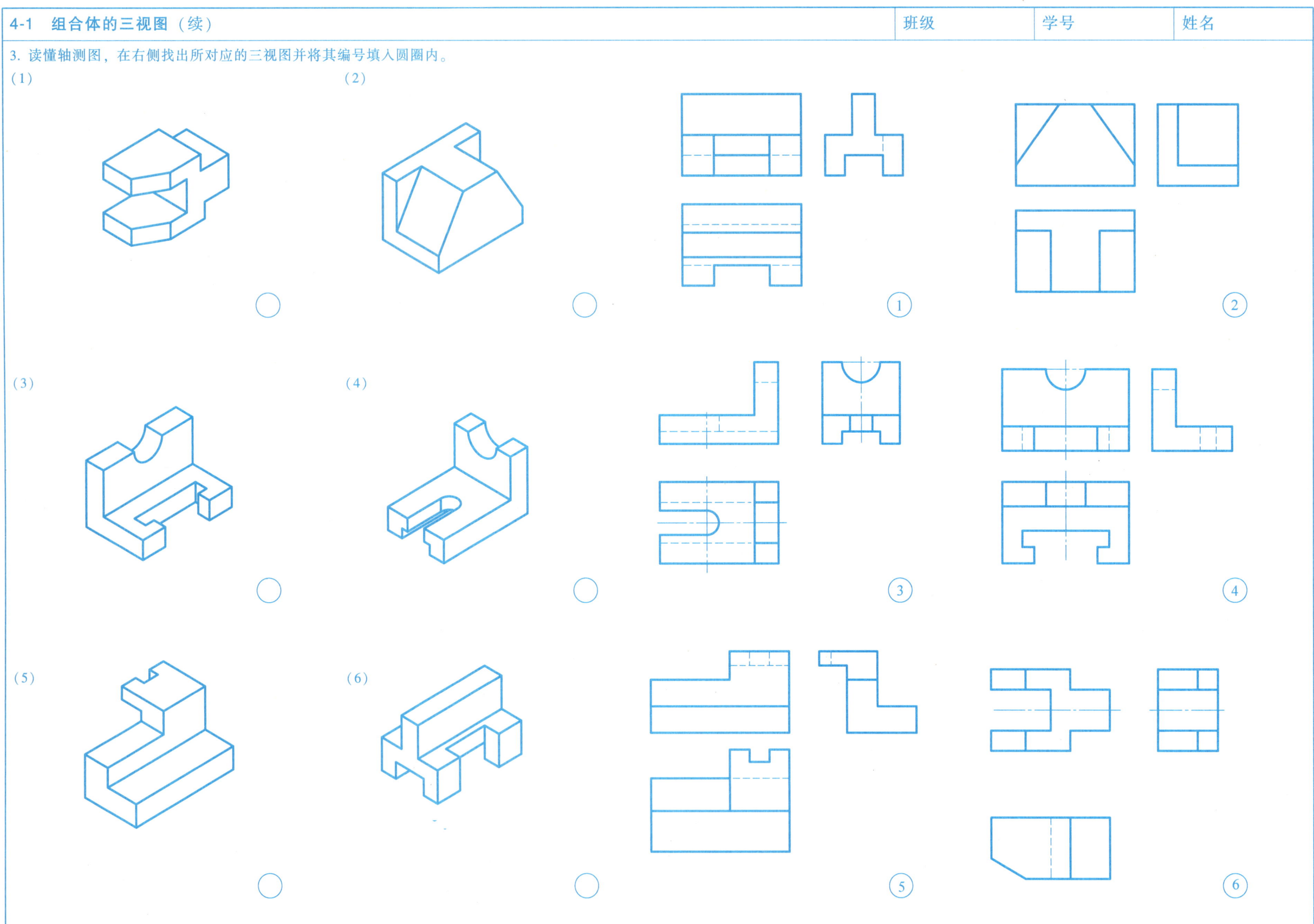

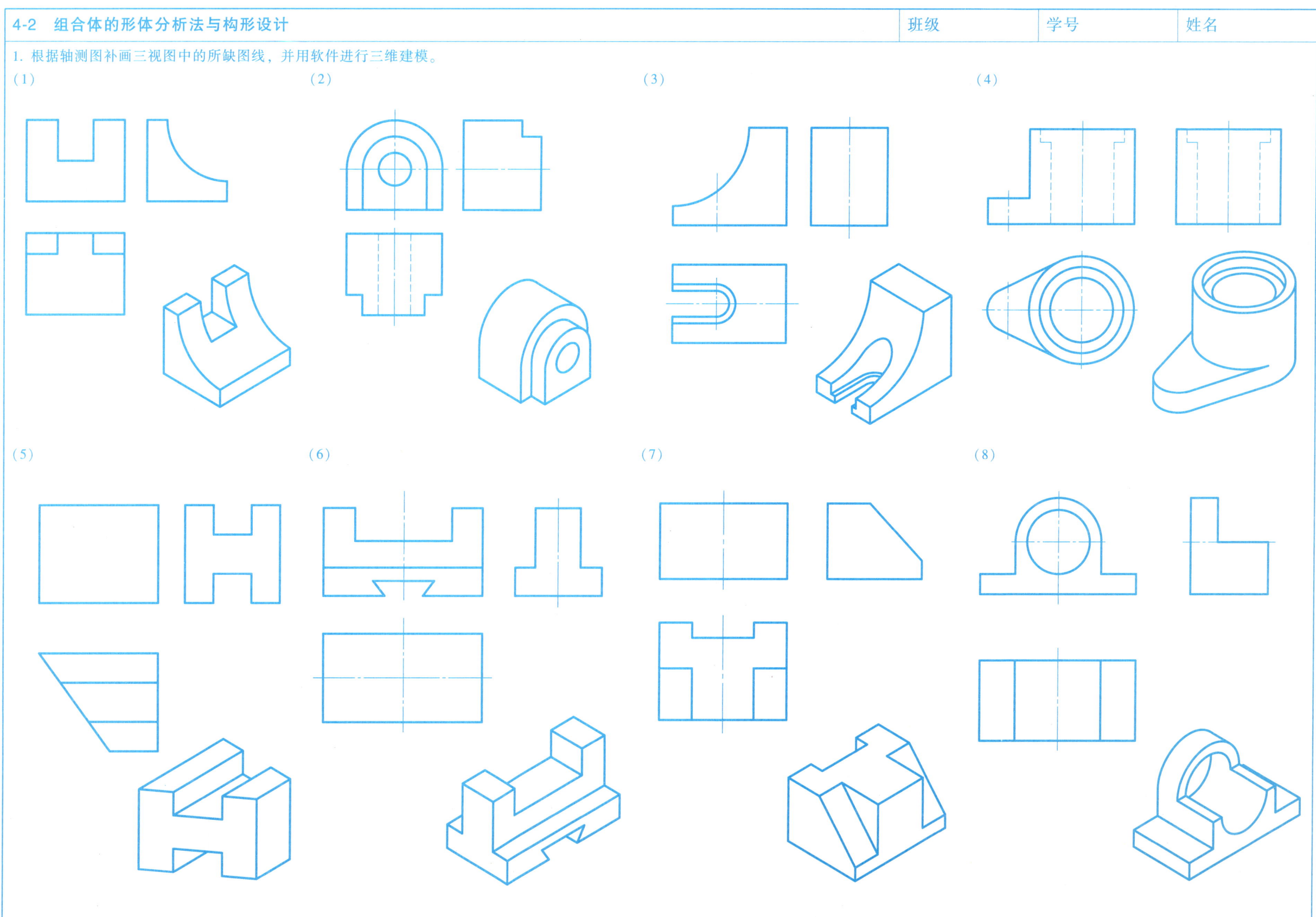

4-2 组合体的形体分析法与构形设计（续）

2. 补画视图中的所缺图线，并用软件进行三维建模。

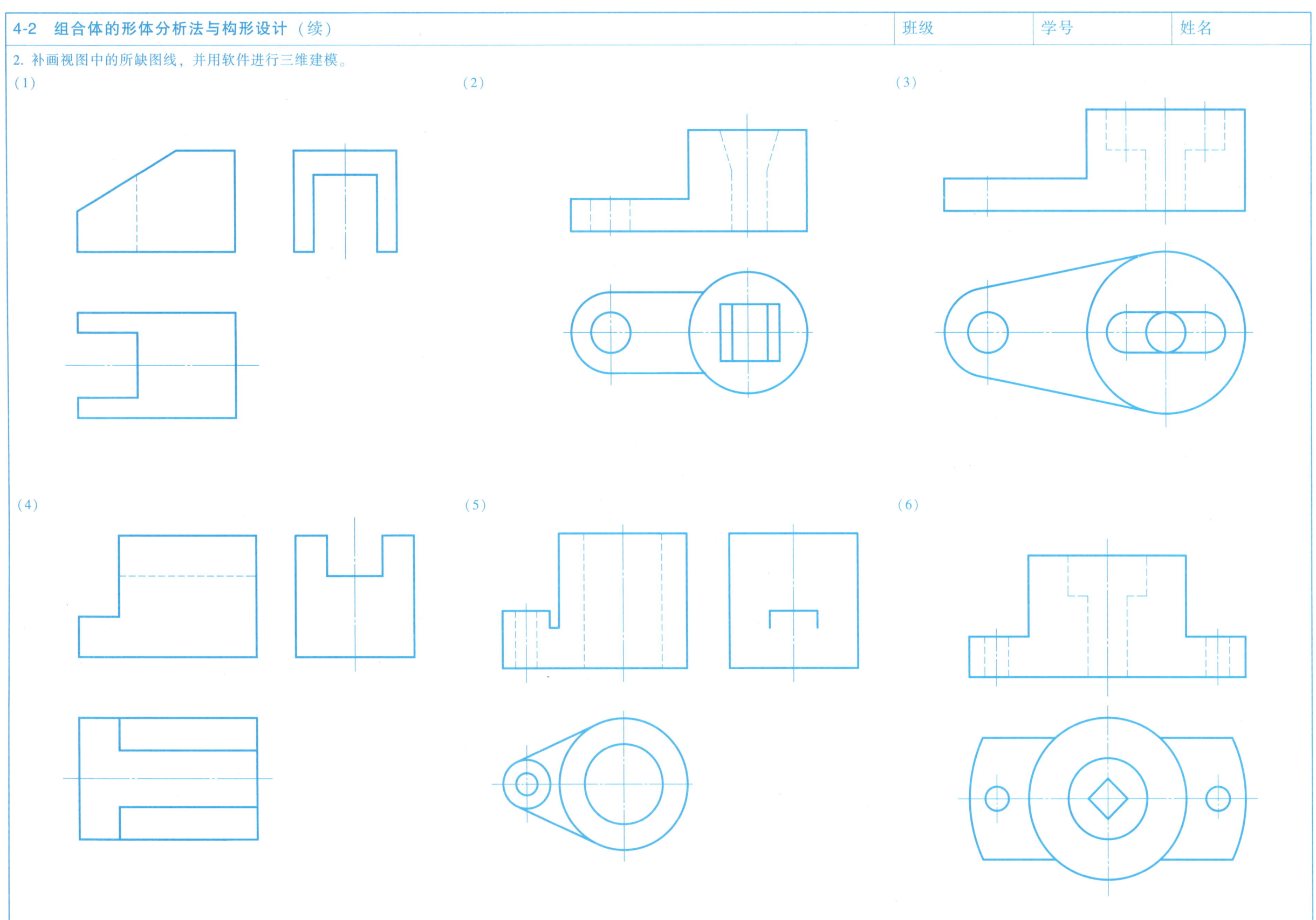

| 4-2 组合体的形体分析法与构形设计（续） | 班级 | 学号 | 姓名 |

3. 根据所给视图，构思两种组合体，并补全三视图。

（1）

（2）

4. 根据所给组合体的主视图，构思几种组合体，并画出其俯、左视图（画出四种）。

（1）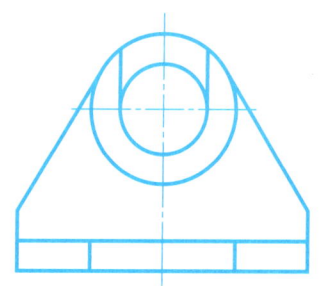

（2）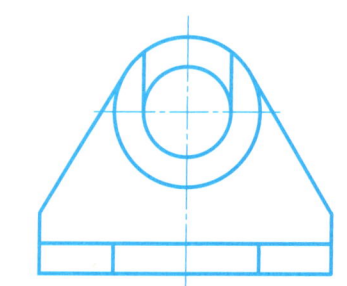

（3)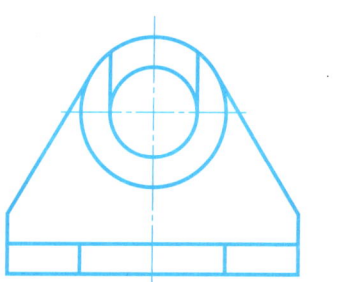

（4）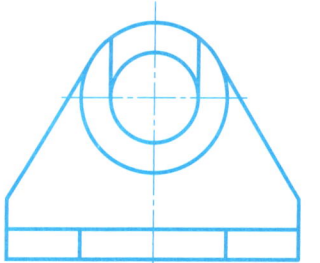

4-2 组合体的形体分析法与构形设计（续）　　班级　　学号　　姓名

5. 根据已知的一个视图，构思出六种不同的组合体，并画出每种组合体的其他两个视图。

(1)　　　　　　　　　　　　　　(2)　　　　　　　　　　　　　　(3)

(4)　　　　　　　　　　　　　　(5)　　　　　　　　　　　　　　(6)

4-3 组合体三视图的画法

1. 根据轴测图，徒手画出三视图。

(1)

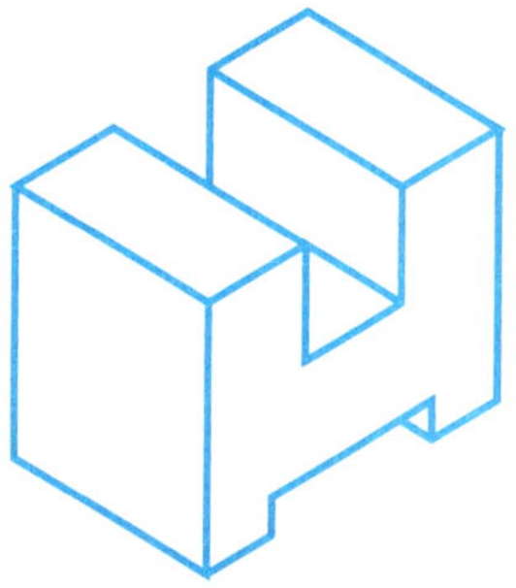

(2)

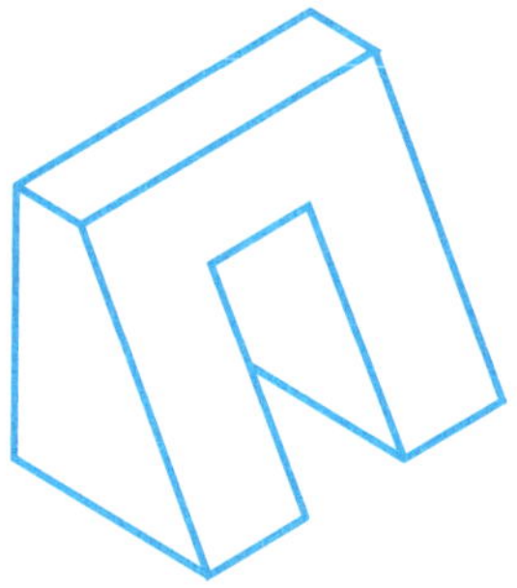

(3)

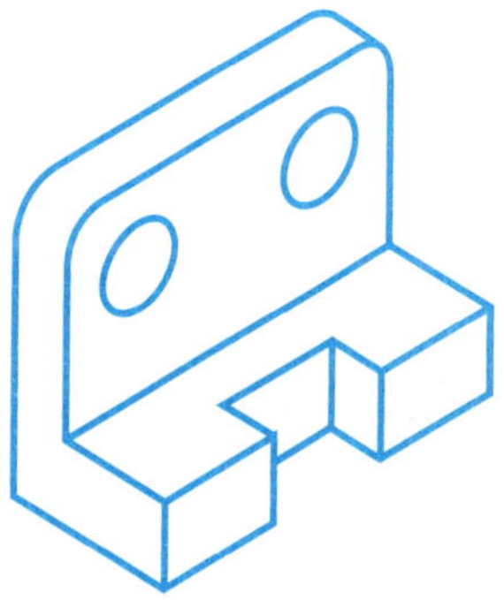

(4)

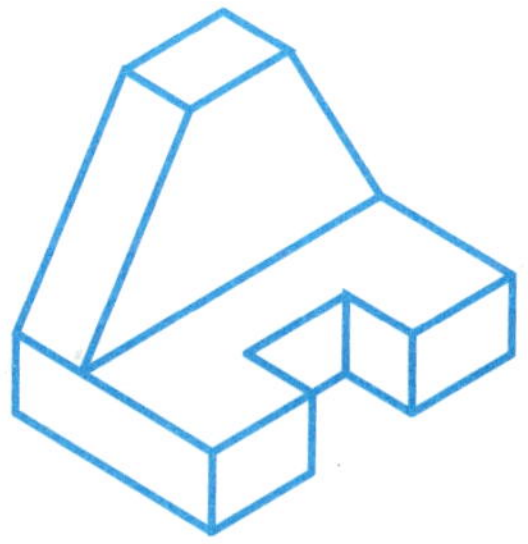

| 4-3 组合体三视图的画法（续） | 班级 | 学号 | 姓名 |

2. 根据轴测图，徒手画出三视图。

(1)

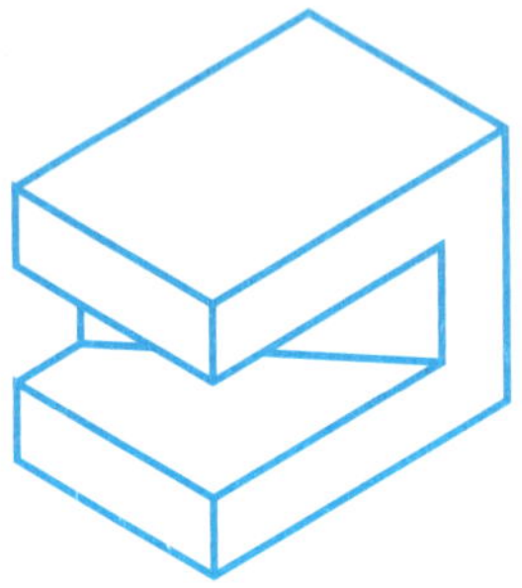

(2)

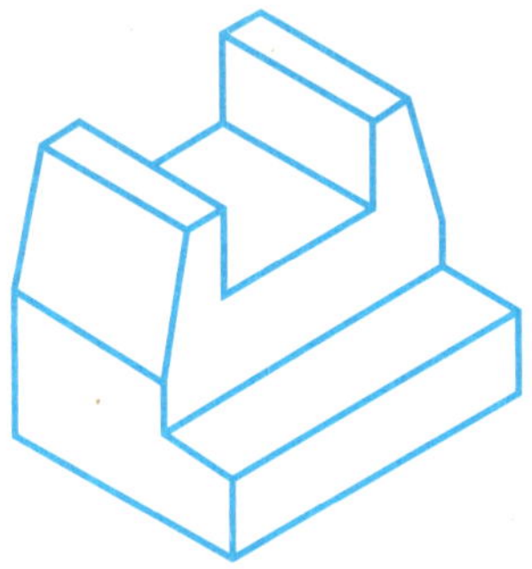

(3)

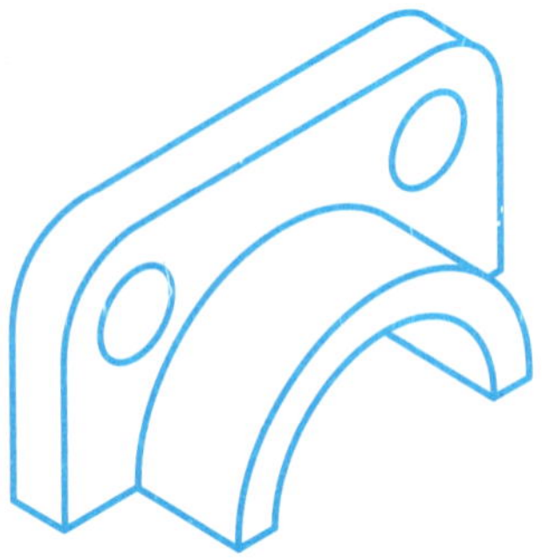

(4)

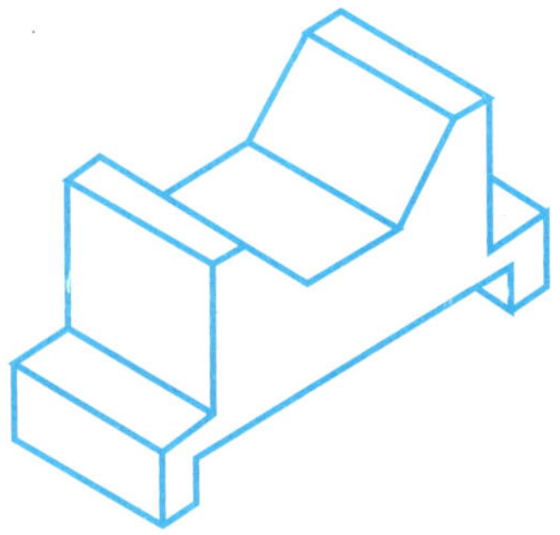

| 4-3 组合体三视图的画法（续） | 班级 | 学号 | 姓名 |

3. 根据轴测图，选择合适的绘图比例，绘制三视图。

(1)　　　　　　　　　　　　　　　　　　　　　　　　(2)

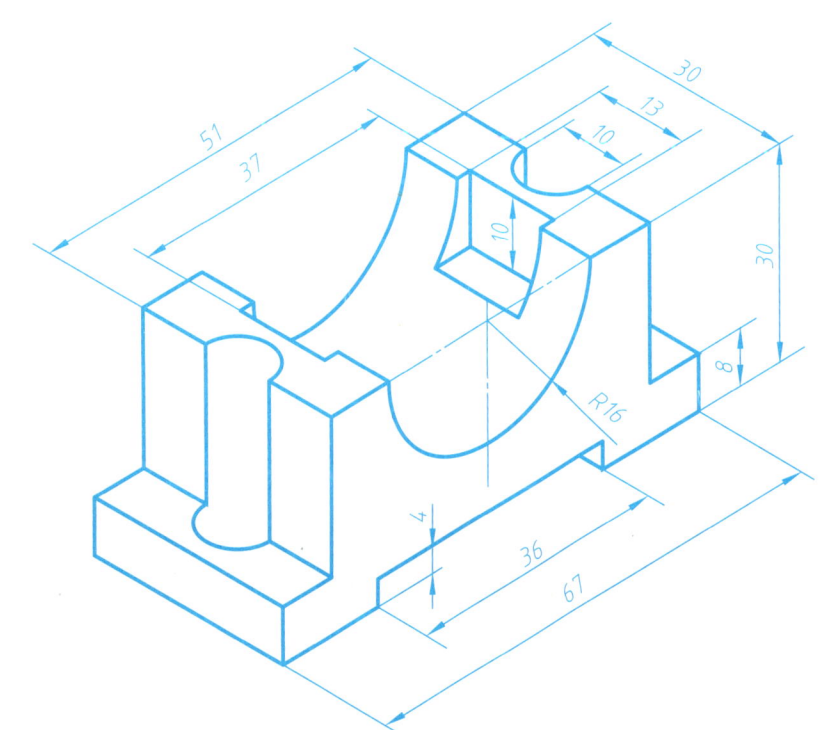

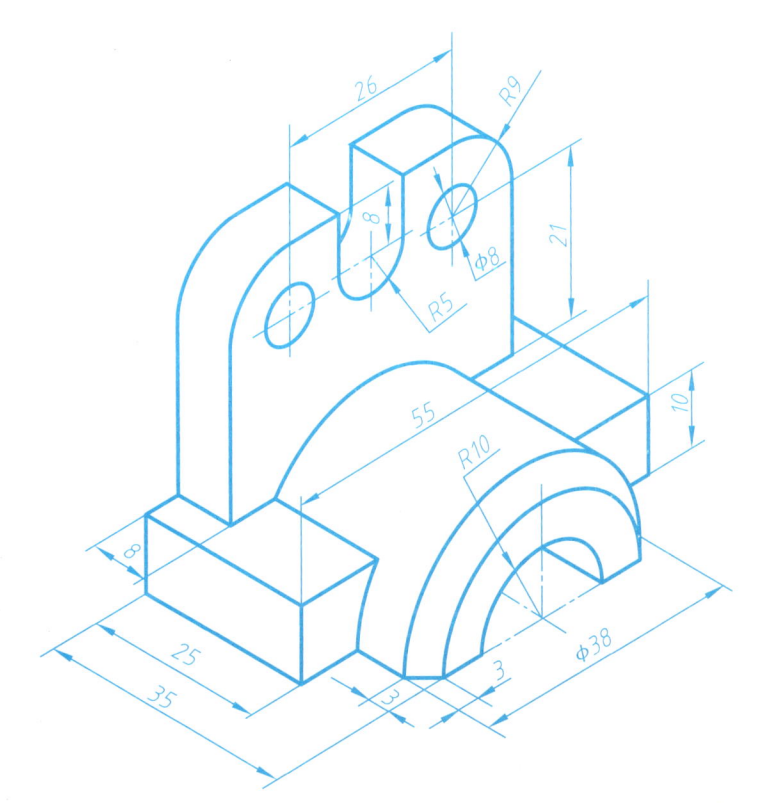

| 4-3　组合体三视图的画法（续） | 班级 | 学号 | 姓名 |

4. 根据轴测图，选择合适的绘图比例，绘制三视图。

（1）

（2）

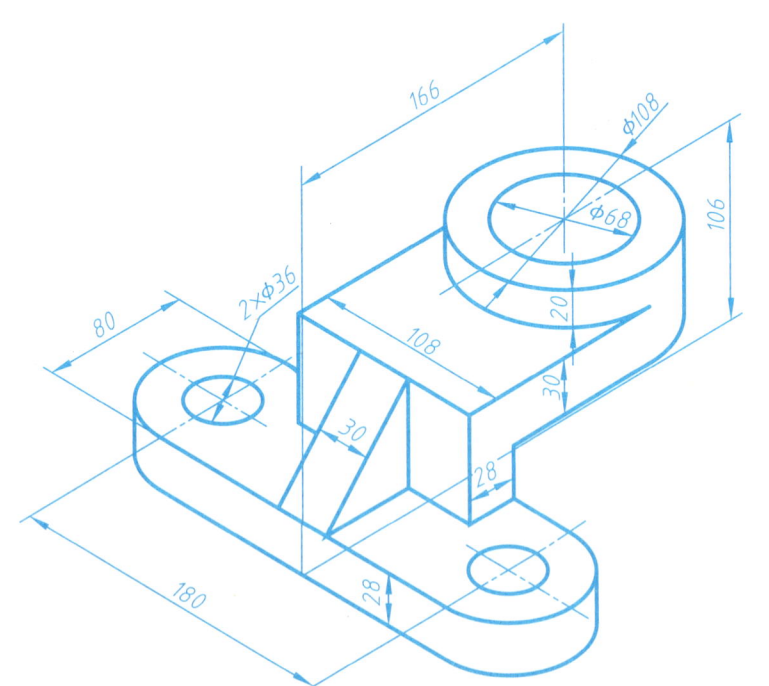

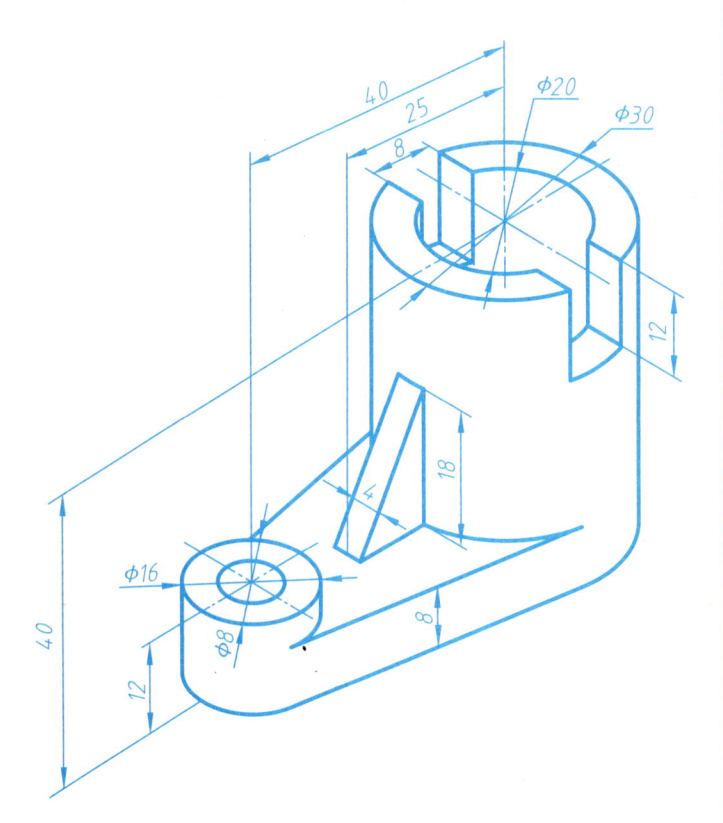

| 4-4 组合体的尺寸注法 | 班级 | 学号 | 姓名 |

1. 标注组合体尺寸，尺寸数值按 1∶1 的比例从视图中直接量取（取整数）。

(1)

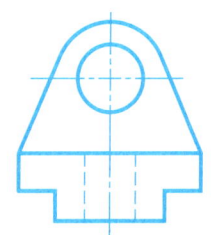
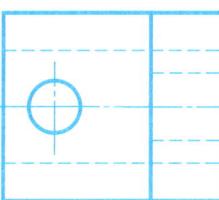

(2)

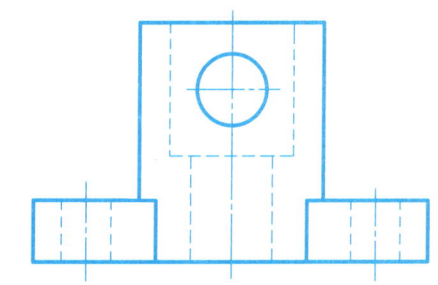
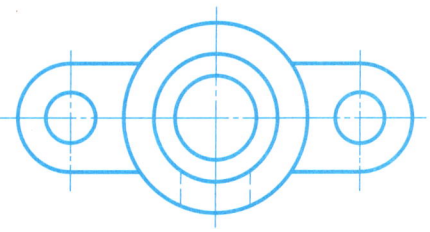

(3)

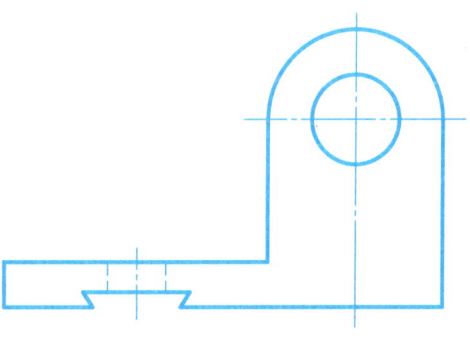
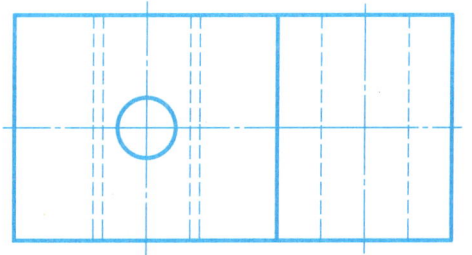

(4)

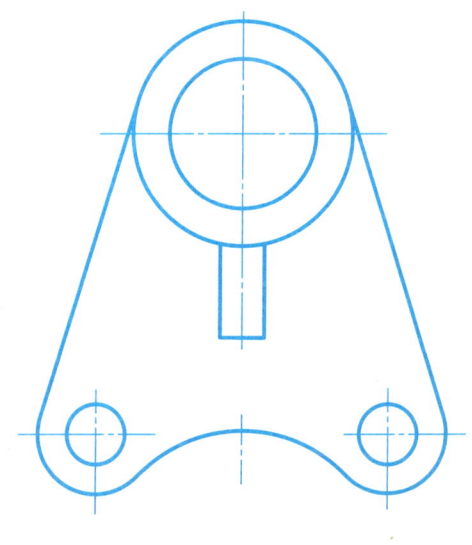
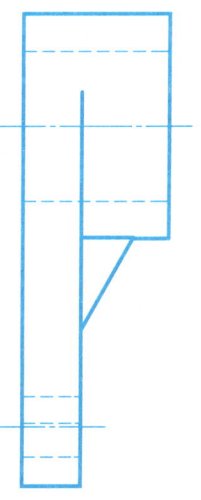

4-4 组合体的尺寸注法（续）

班级　　　学号　　　姓名

2. 标注组合体尺寸，尺寸数值按 1∶1 的比例从视图中直接量取（取整数）。

(1)　　　　　　　　　　　　　　　　(2)

(3)　　　　　　　　　　　　　　　　(4)

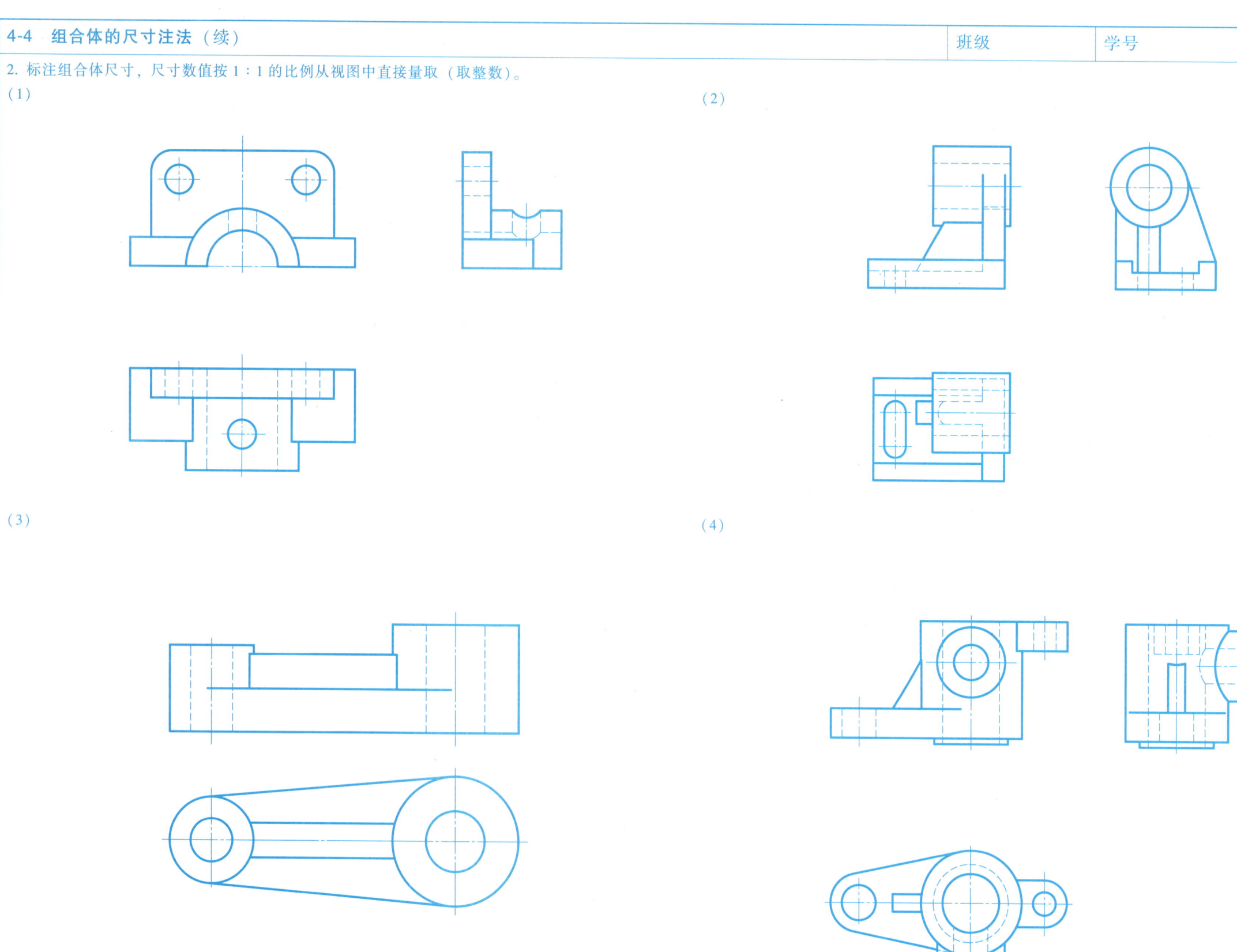

| 4-5 读组合体三视图 | 班级 | 学号 | 姓名 |

1. 根据组合体的两个视图，作出第三视图，并用软件进行三维建模。

(1)

(2)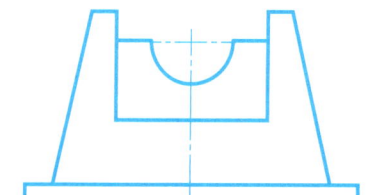
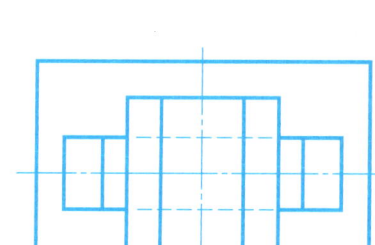

(3)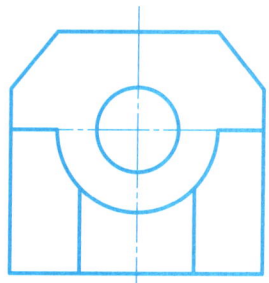
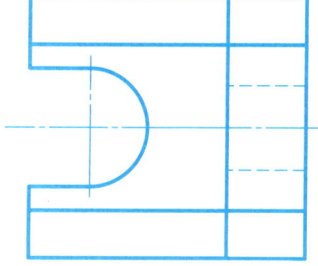

(4)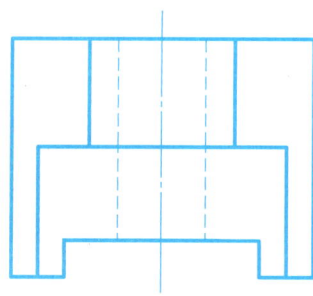
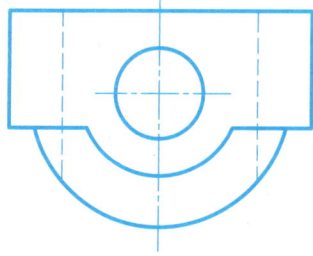

(5)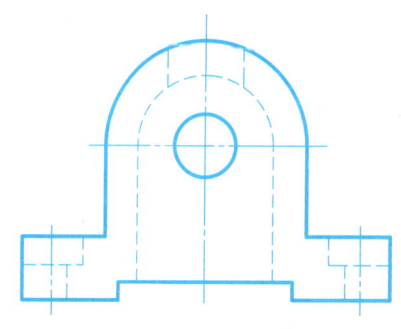
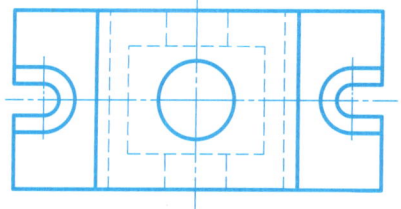

(6)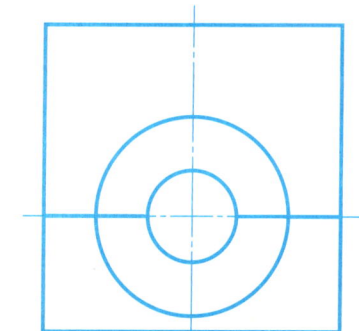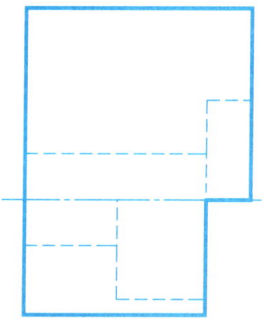

4-5 读组合体三视图（续）

2. 根据组合体的两个视图，作出第三视图，并用软件进行三维建模。

(1)
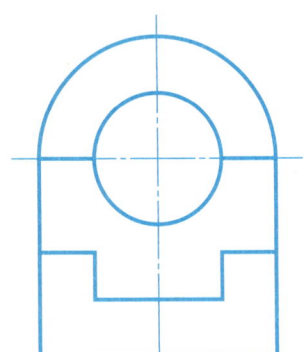
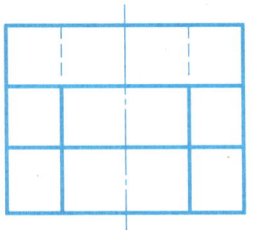

(2)
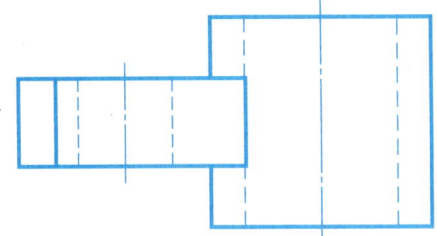
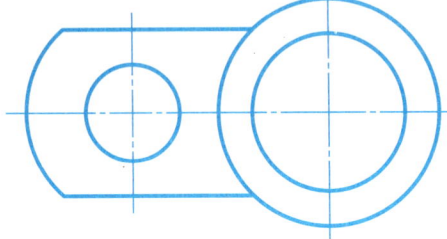

(3)
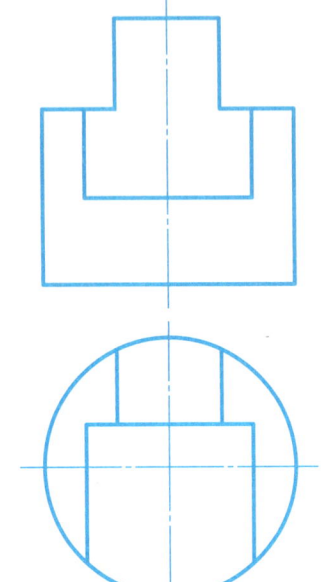

(4)
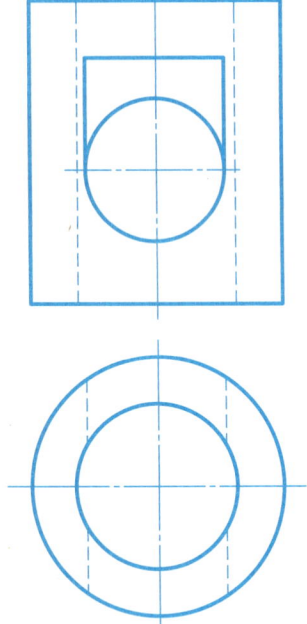

(5)
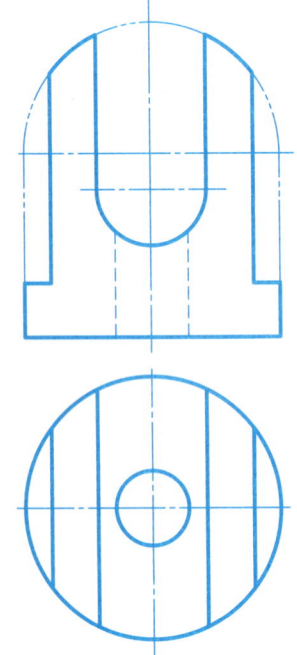

(6)
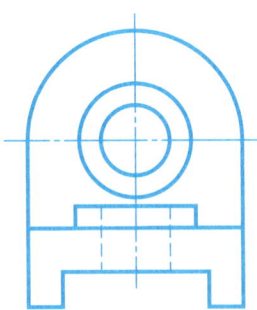
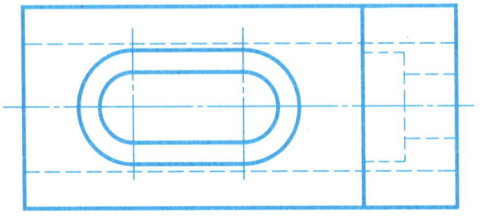

4-5 读组合体三视图（续）

4. 根据组合体的两个视图，作出第三视图，并用软件进行三维建模。

（1）

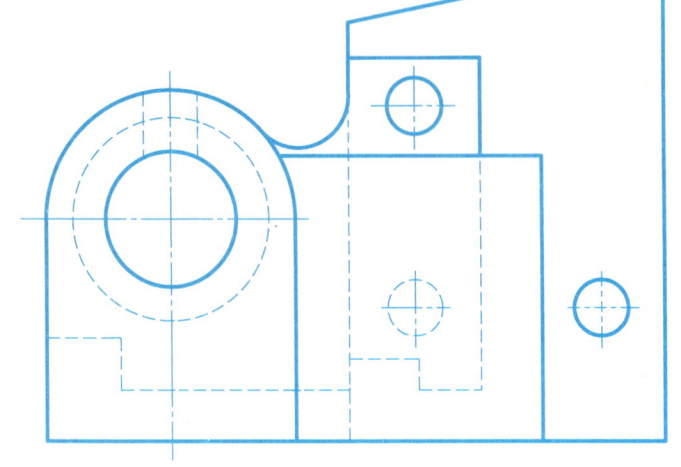

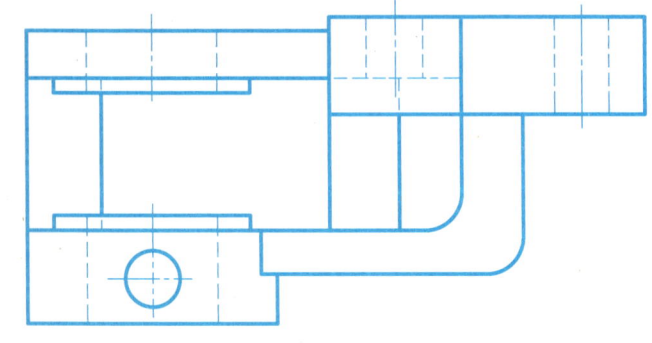

（2）

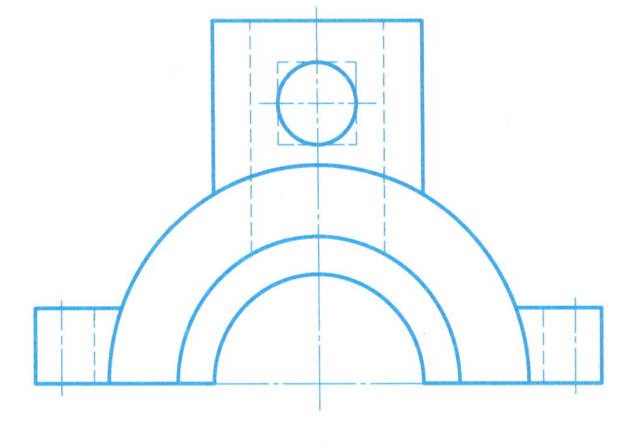

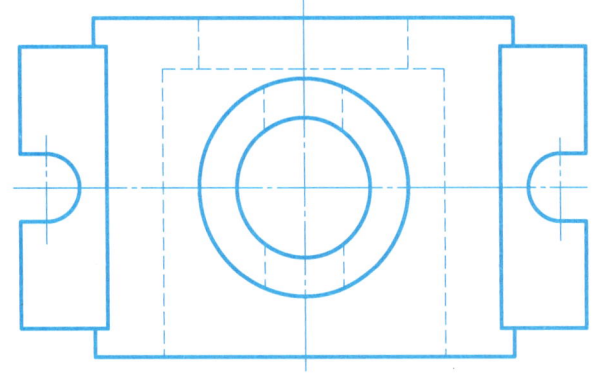

4-5 读组合体三视图（续）

5. 补全三视图中的所缺图线，并用软件进行三维建模。

(1) (2) (3)

(4) (5) (6)

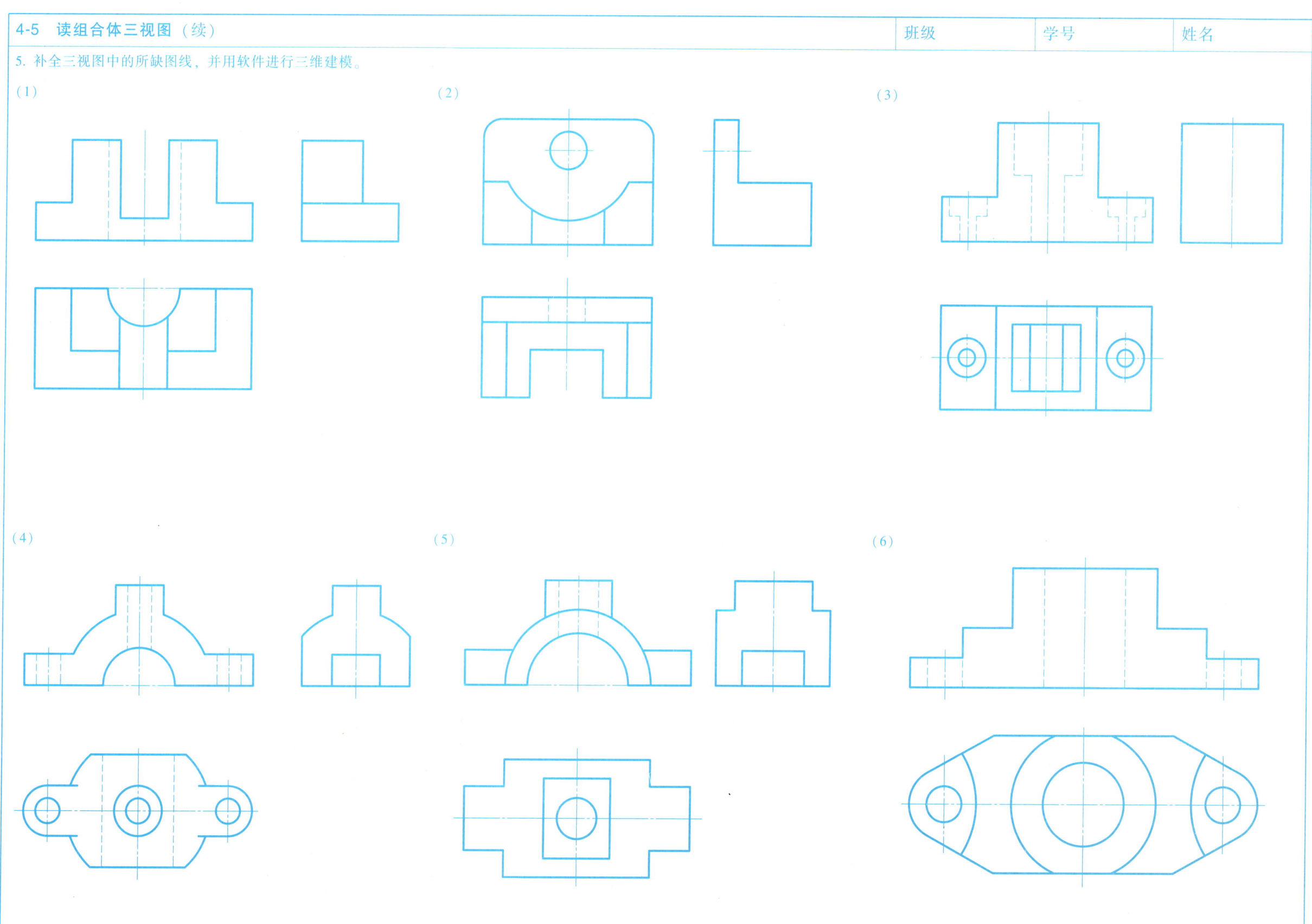

4-5 读组合体三视图（续）

6. 补全三视图中的所缺图线，并用软件进行三维建模。

(1) (2) (3) (4)

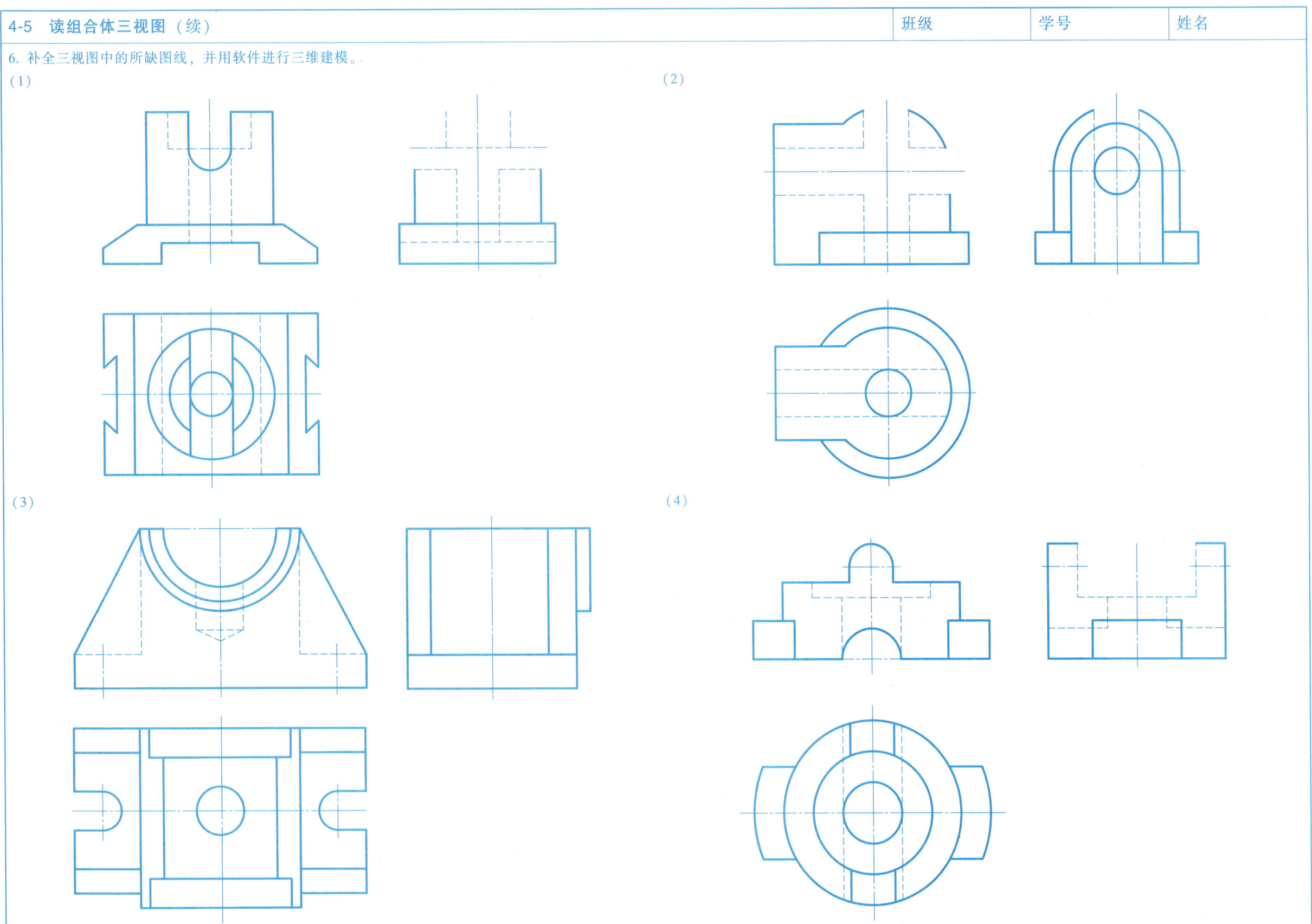

第三次绘图作业——组合体视图综合练习

作业指导书

1. 作业目的和要求

1) 培养运用形体分析法和线面分析法读图的能力,并能运用形体分析法绘制组合体的视图和标注尺寸。

2) 完整地表达组合体形状,正确、完整、清晰地标注组合体尺寸。

2. 作业内容及格式

1) 在 A3 图纸上绘制组合体三视图。

2) 图名:组合体作图。

3) 图号:参照第一次作业填写。

4) 比例:自选。

3. 绘图步骤及注意事项

1) 对所给组合体进行形体分析,选择视图。按形体尺寸、图幅选择适当的比例,并恰当地布置三个视图,视图之间留有标注尺寸的空间。

2) 逐步画出组合体各组成部分的三视图,完整地表达组合体。

3) 正确选择三个方向的尺寸基准,完整地标注尺寸。

4) 检查、整理全图,擦去多余的线条,加深图线。

5) 填写标题栏。

(1)

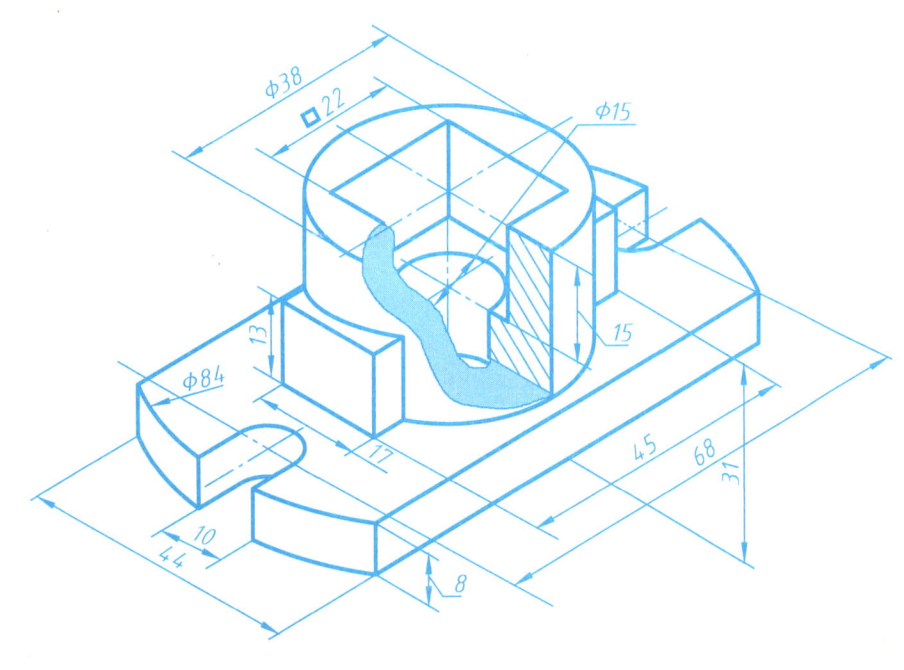

(2)

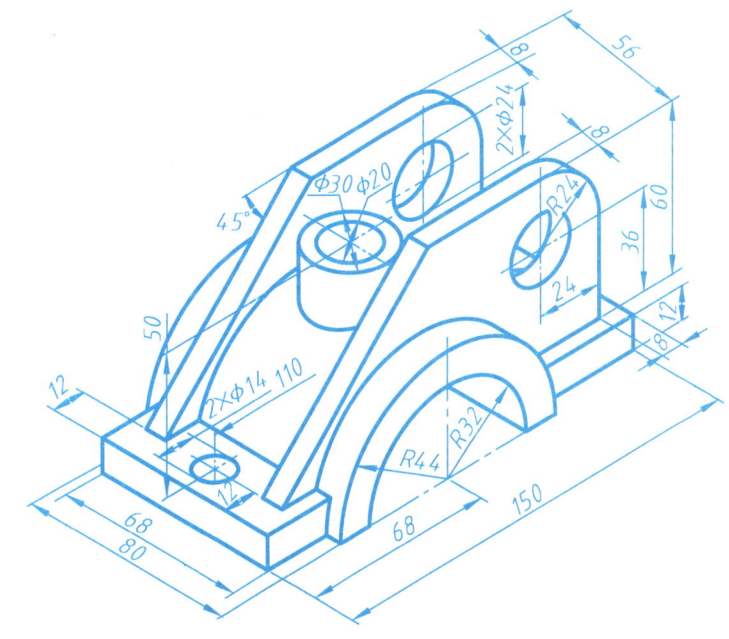

第五章 机件的表达方法

| 5-1 视图 | 班级 | 学号 | 姓名 |

1. 根据已知两视图，完成机件的其他四个基本视图，并用软件进行三维建模。

2. 已知三视图，求作机件的仰视图，并用软件进行三维建模。

5-1 视图（续） 班级　　　学号　　　姓名

3. 求作 A 向斜视图及 B 向视图，并用软件进行三维建模。

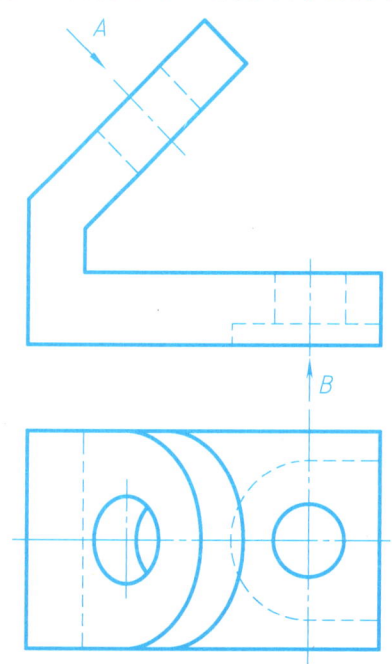

4. 已知 V 形铁的主视图及 A 向视图，求作俯视图，并用软件进行三维建模。

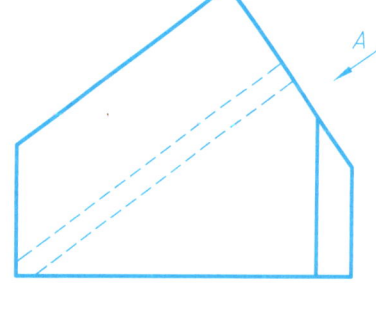

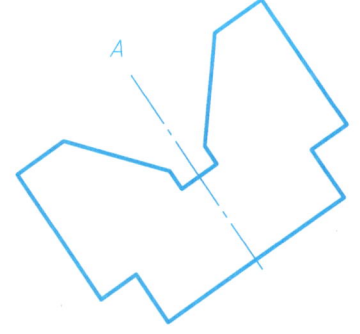

5. 根据已知视图，改用主视图、斜视图、局部视图表达该机件，并用软件进行三维建模。

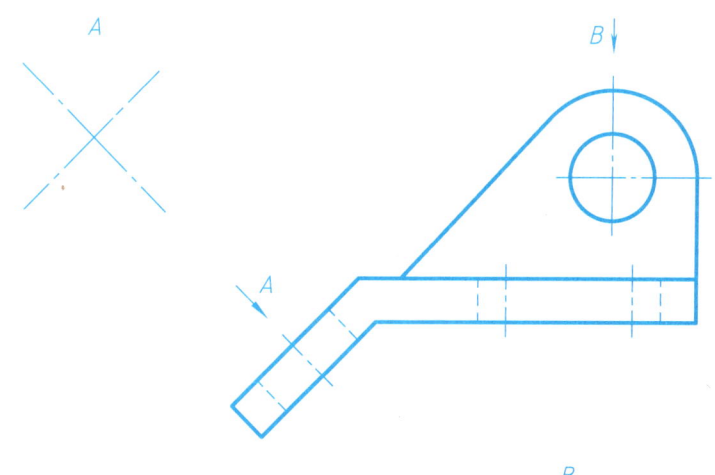

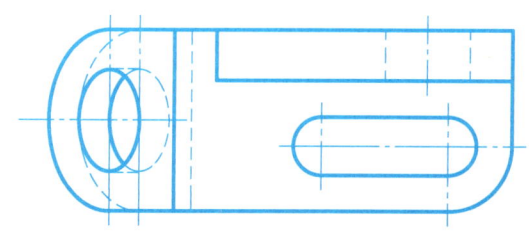

5-2 剖视图

1. 补全各被切割圆柱体的全剖视图中的所缺图线。

(1)　　　　(2)　　　　(3)　　　　(4)　　　　(5)

2. 补全各被切割组合体的全剖视图中的所缺图线。

(1)　　　　(2)　　　　(3)　　　　(4)

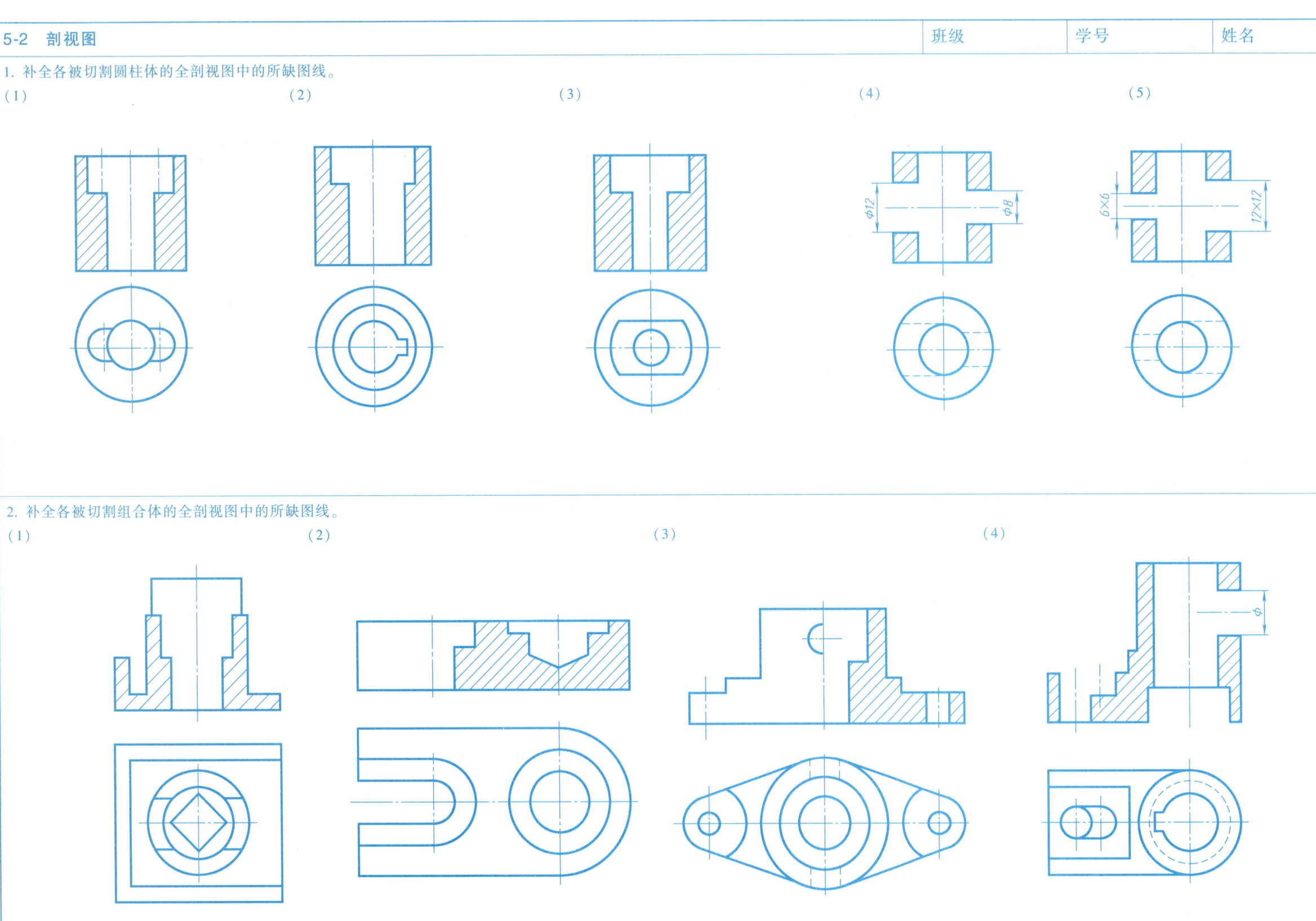

| 5-2 剖视图（续） | 班级 | 学号 | 姓名 |

3. 求作全剖的左视图，并用软件进行三维建模。

(1)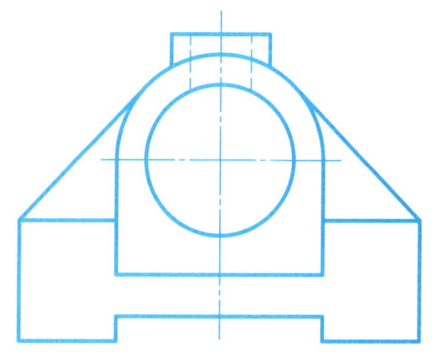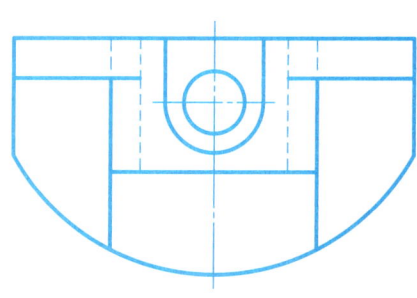

(2)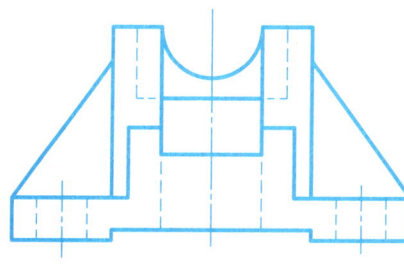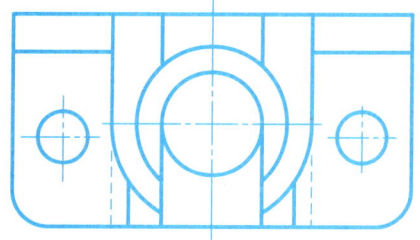

(3)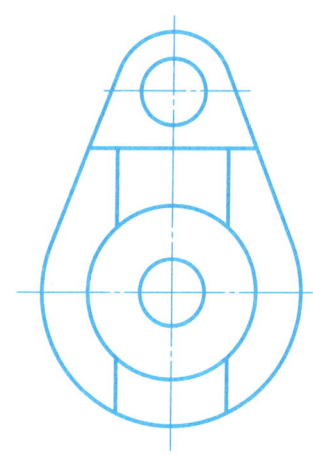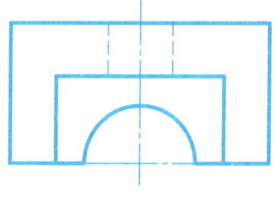

4. 求作全剖的主视图，并用软件进行三维建模。

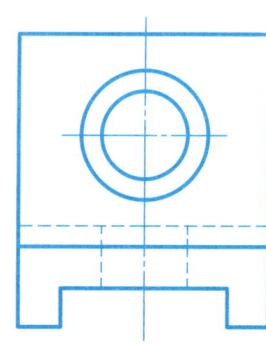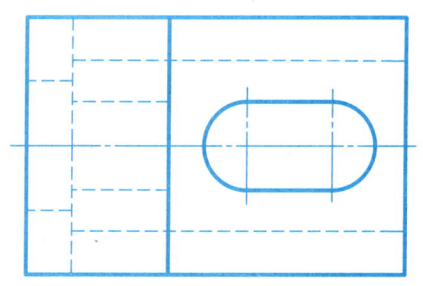

5. 求作 A—A 剖视图，并用软件进行三维建模。

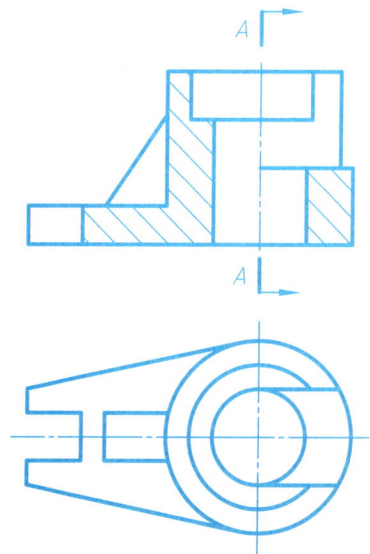

6. 求作 C—C 剖视图，并用软件进行三维建模。

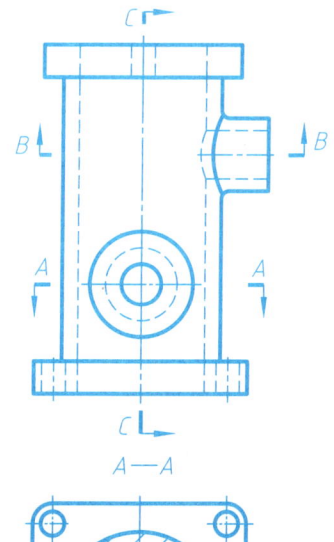

A—A 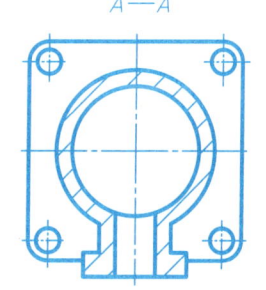 B—B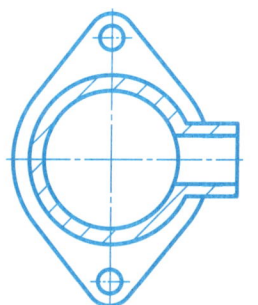

| 5-2 剖视图（续） | 班级 | 学号 | 姓名 |

7. 求作半剖的左视图，并用软件进行三维建模。

（1）

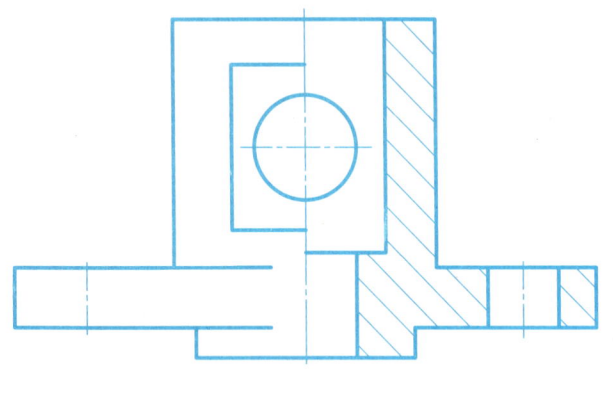

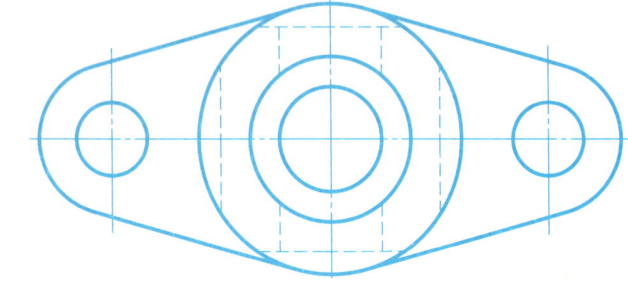

（2）

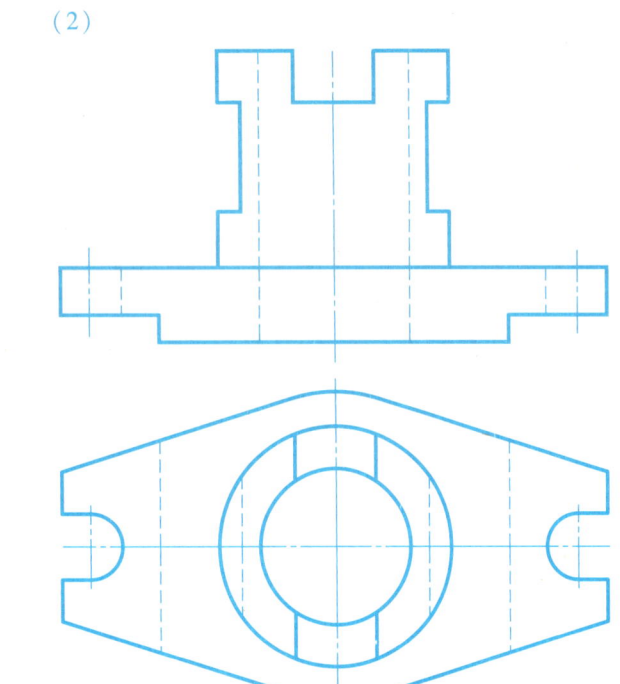

（3）

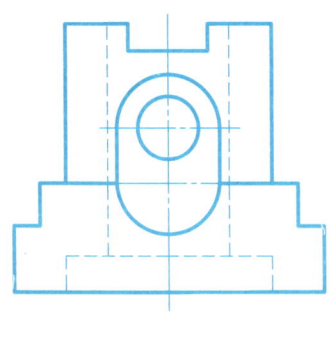

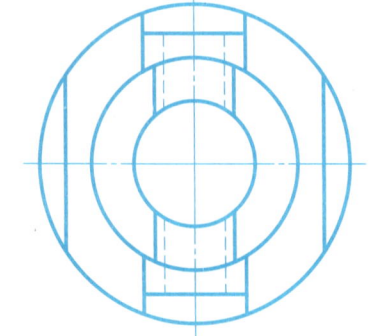

8. 将主视图和俯视图改画为半剖视图，左视图采用全剖视图，并用软件进行三维建模。

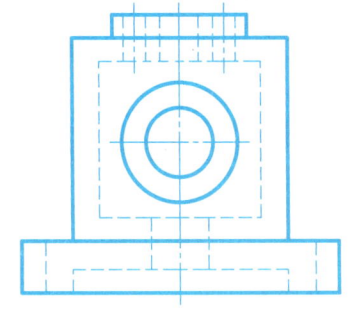

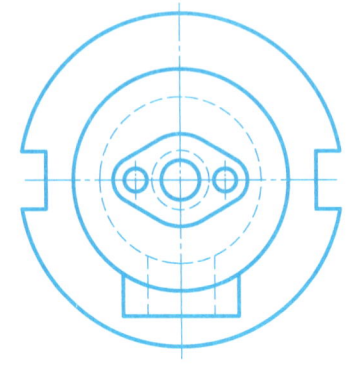

5-2 剖视图（续）

班级　　　学号　　　姓名

9. 看图填空。

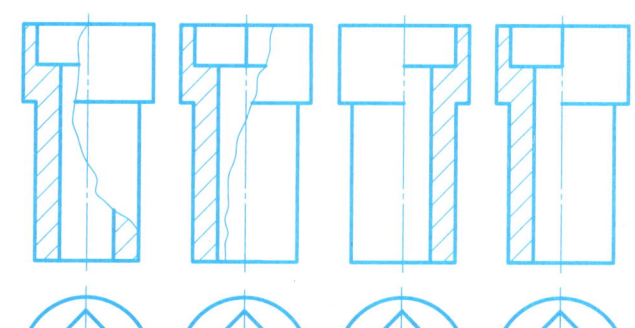

表达较合理的一组视图为　　　　。

10. 找出图中的错误，在下方指定位置画出正确的局部剖视图。

11. 在适当位置作局部剖视图，并用软件进行三维建模。

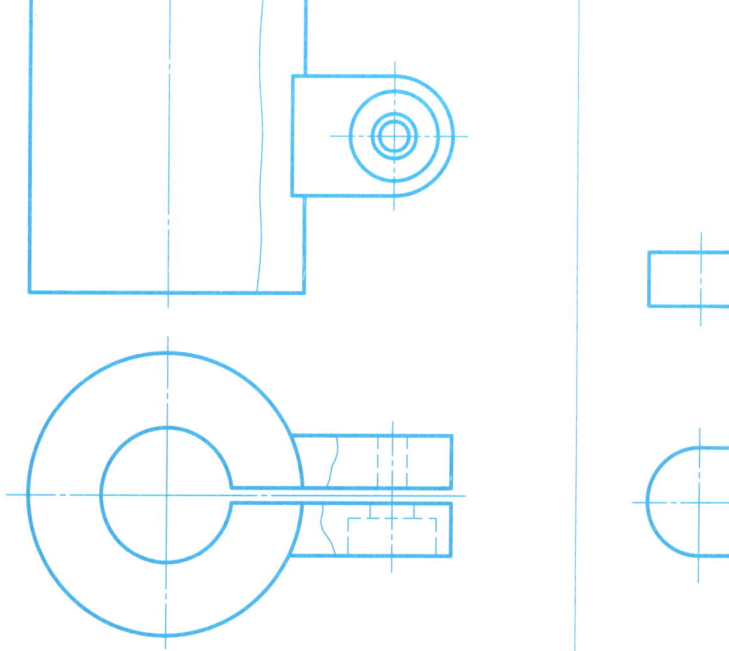

12. 在主视图上作局部剖视图，并用软件进行三维建模。

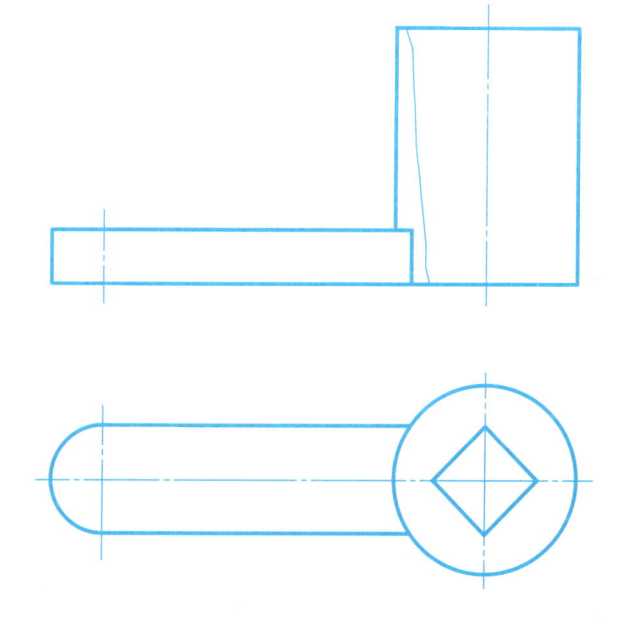

13. 将主、俯视图改画为局部剖视图，并用软件进行三维建模。

（1）

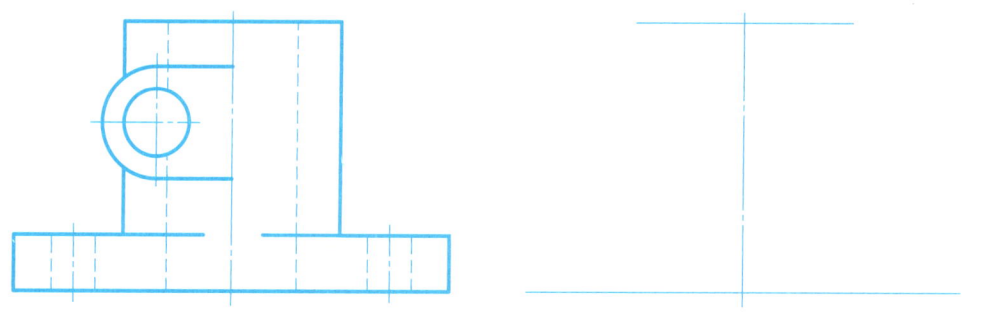

（2）

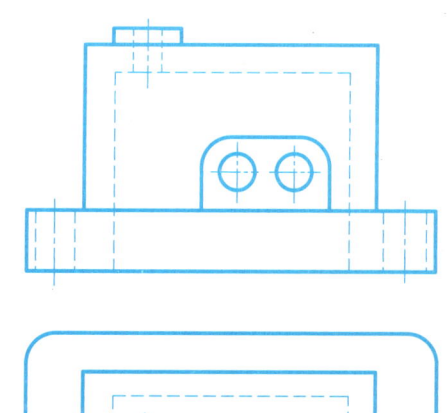
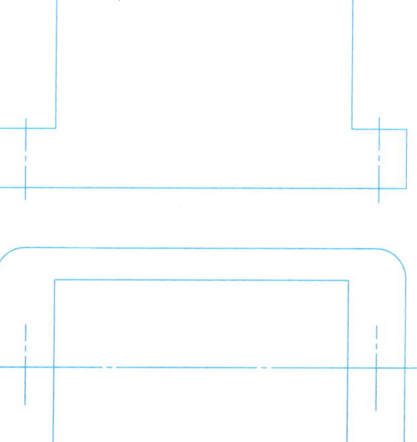

· 49 ·

| 5-2 剖视图（续） | 班级 | 学号 | 姓名 |

14. 求作 A—A 剖视图，并用软件进行三维建模。

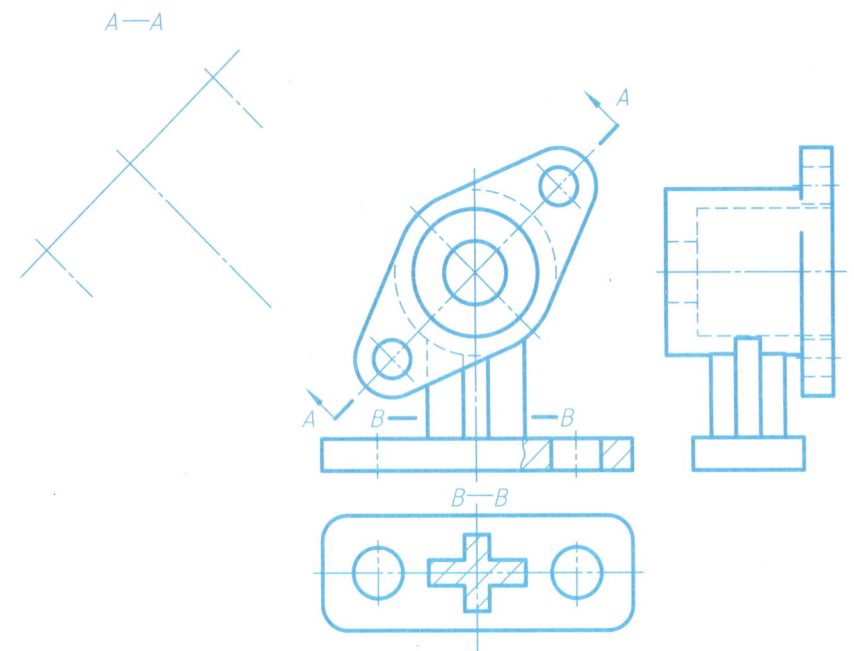

15. 完成 A—A 及 B—B 全剖视图，并用软件进行三维建模。

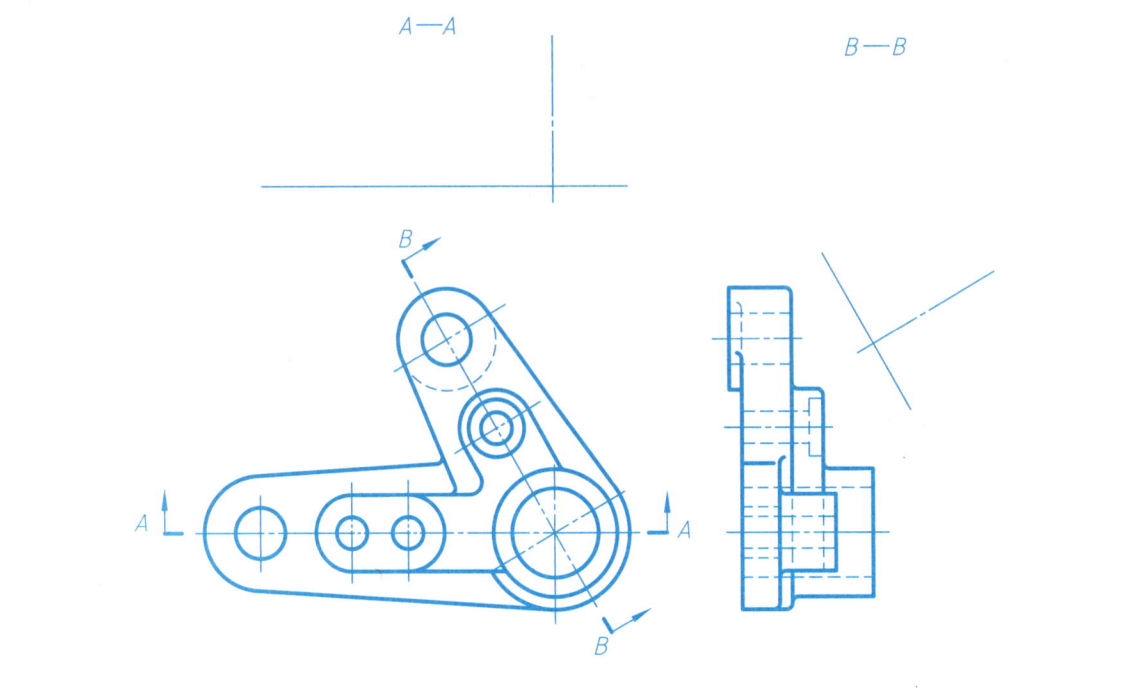

16. 求作 A—A 剖视图并标注，并用软件进行三维建模。

（1）　　　　　　　　　　　（2）

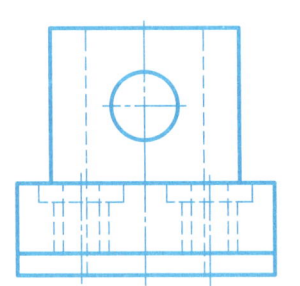

17. 在主视图上作阶梯剖视图，并用软件进行三维建模。

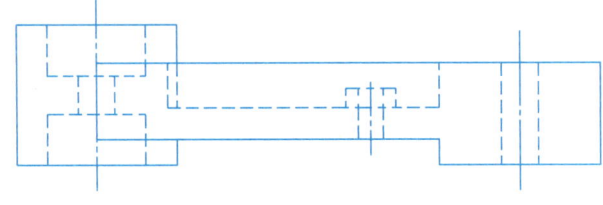

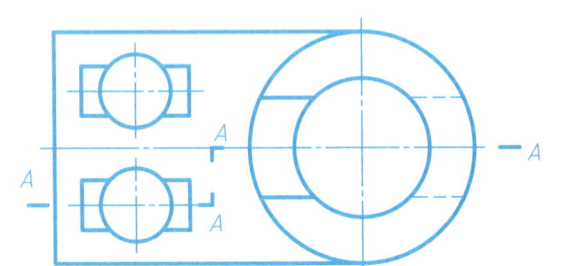

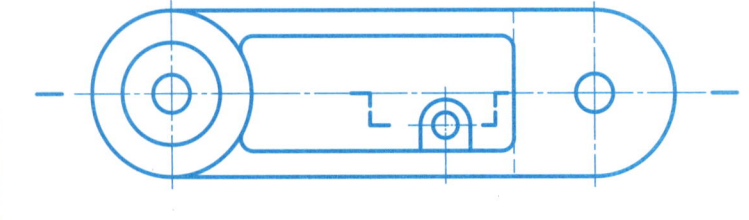

5-2 剖视图（续）

18. 画出 A—A 全剖视图，并用软件进行三维建模。

(1)

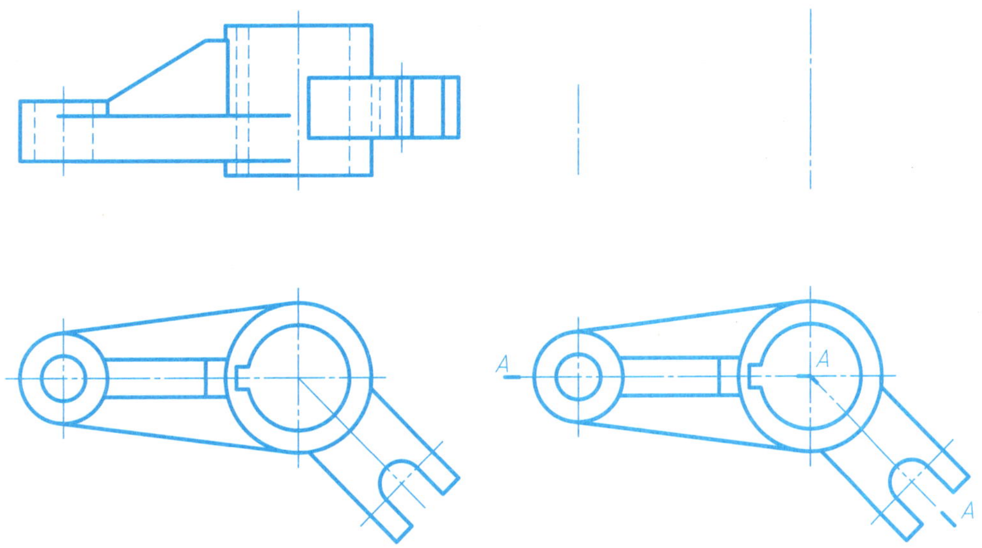

(2)

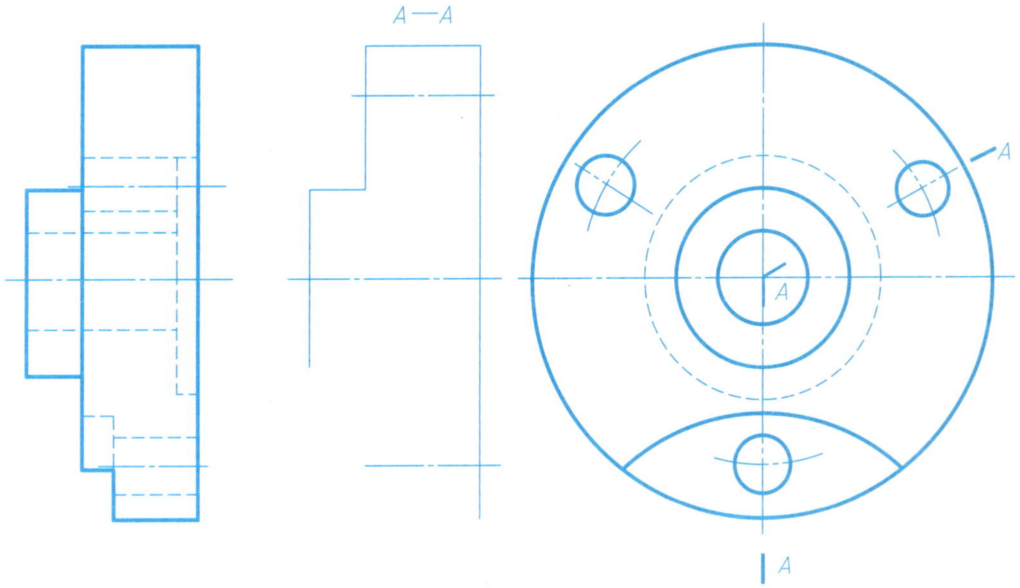

(3)

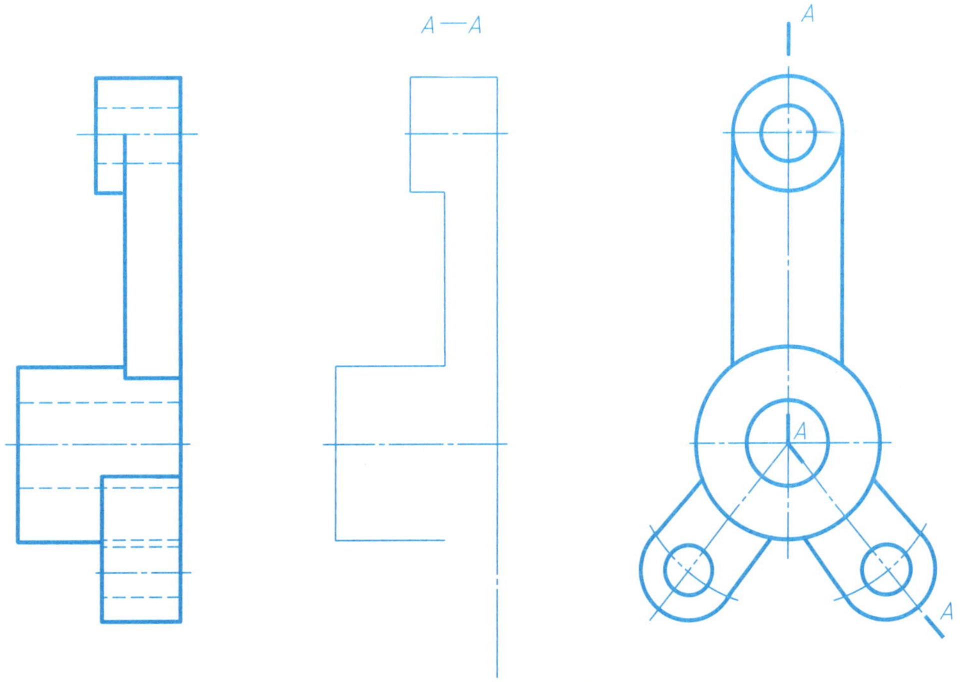

(4)

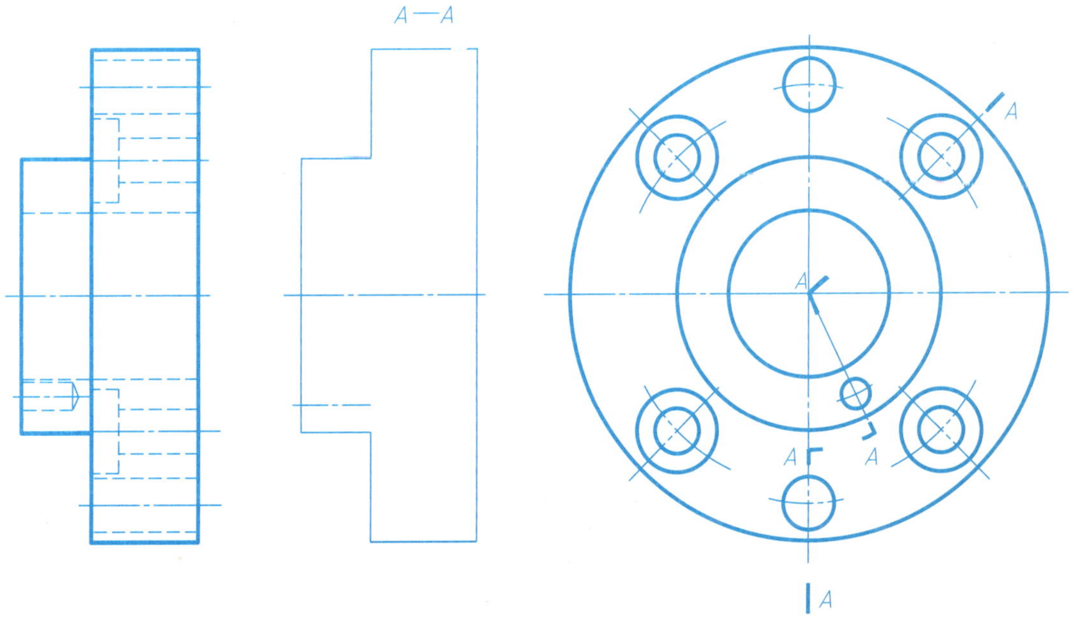

5-3 断面图

班级　　　学号　　　姓名

1. 画出指定位置的断面图（左侧键槽深 4mm，右侧键槽深 3mm），并用软件进行三维建模。

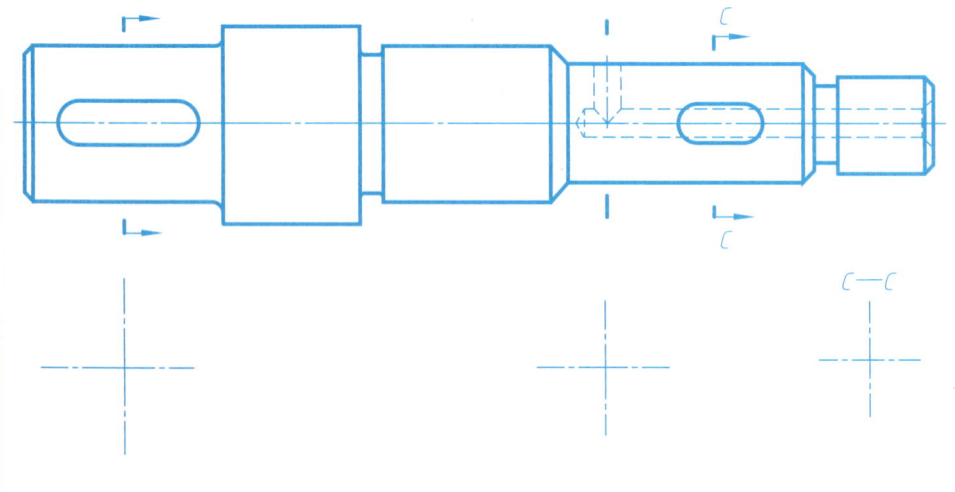

2. 在视图下方的各断面图中选出正确的断面图，并在选定的断面图上方和视图中进行标注。

(1) 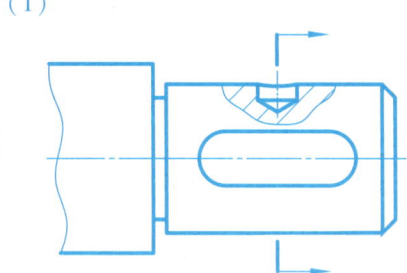　　　　(2)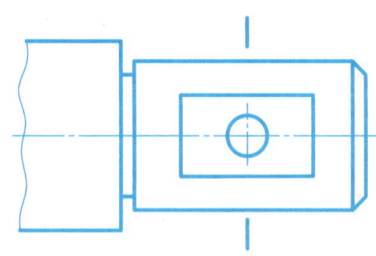

A.　B.　C.　D.　　　　　　A.　B.　C.　D.

正确的断面图是_____。　　　正确的断面图是_____。

3. 求作肋板的移出断面图，并用软件进行三维建模。

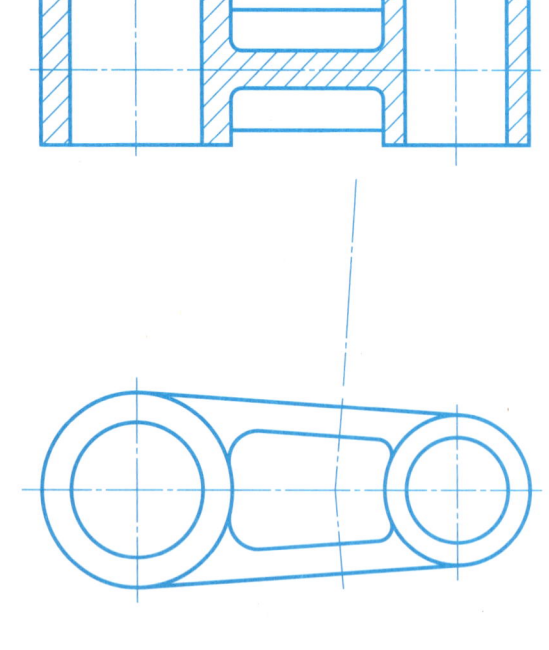

4. 求作 A—A、B—B 断面图，并用软件进行三维建模。

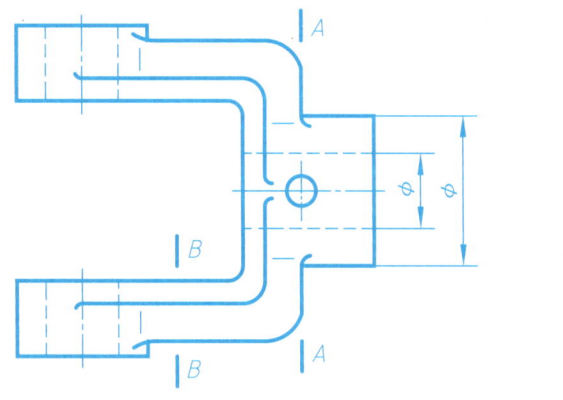

A—A

B—B

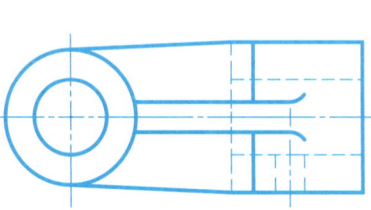

5. 求作肋板的重合断面图。

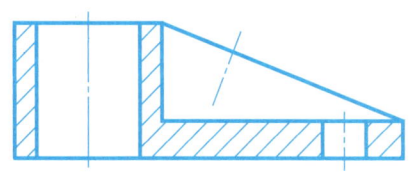

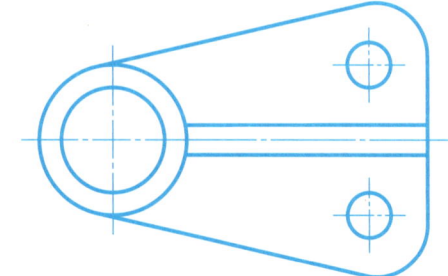

5-4 综合应用

| 班级 | 学号 | 姓名 |

1. 根据所给视图，选择适当的表达方法将物体的内、外形表达清楚（画在右侧的空白处）；用软件进行三维建模，并在软件中将三维形体转换成工程图。

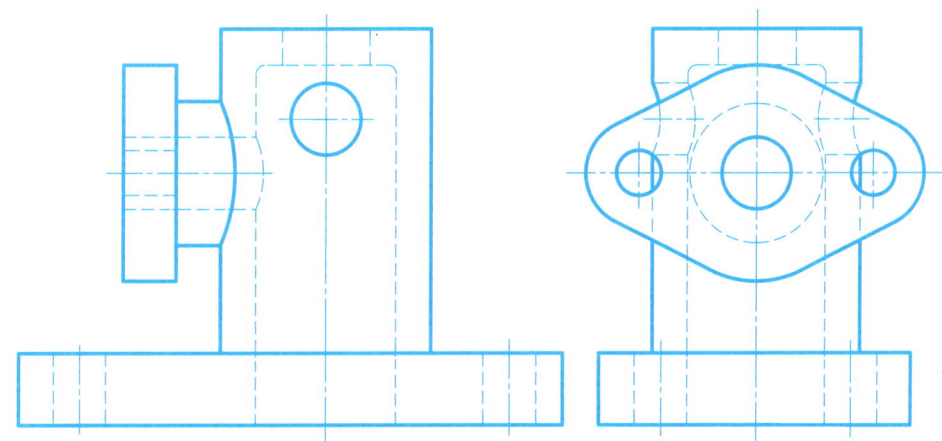

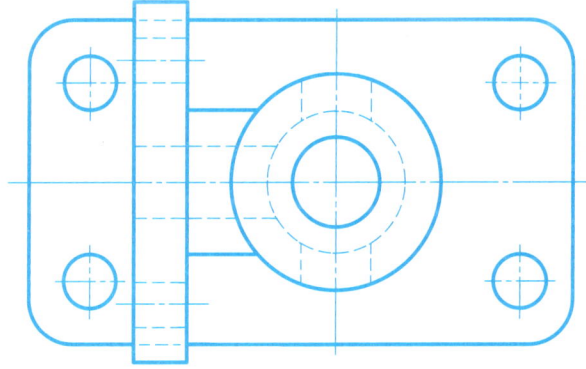

5-4 综合应用（续）

班级　　　学号　　　姓名

2. 根据所给视图，选择适当的表达方法将物体的内、外形表达清楚（画在右侧的空白处）；用软件进行三维建模，并在软件中将三维形体转换成工程图。

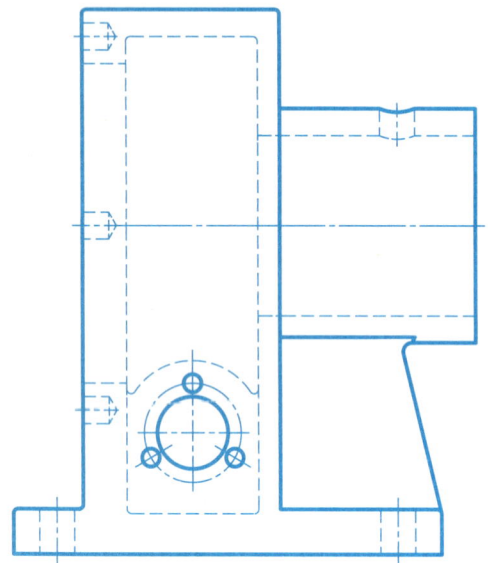
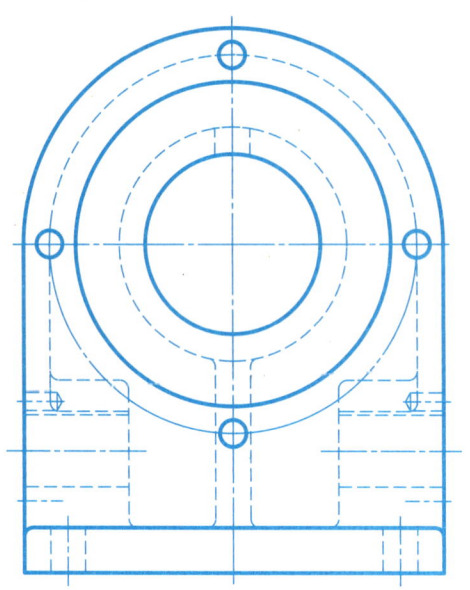
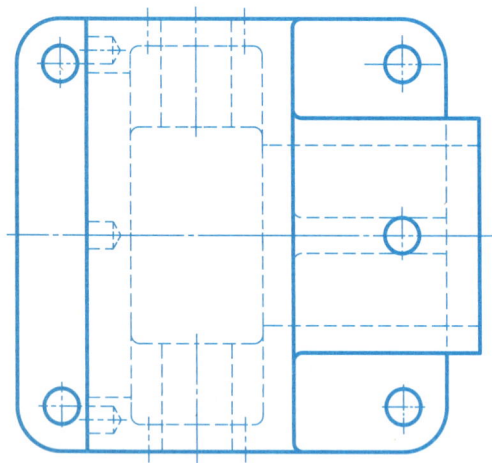

5-4 综合应用（续）

3. 根据所给视图，在 A3 图纸上综合应用所学的各种表达方法进行表达。选择合适的比例作图，并标注尺寸。

要求：图线符合相关国家标准，尺寸标注完整、正确、清晰、合理。

(1)

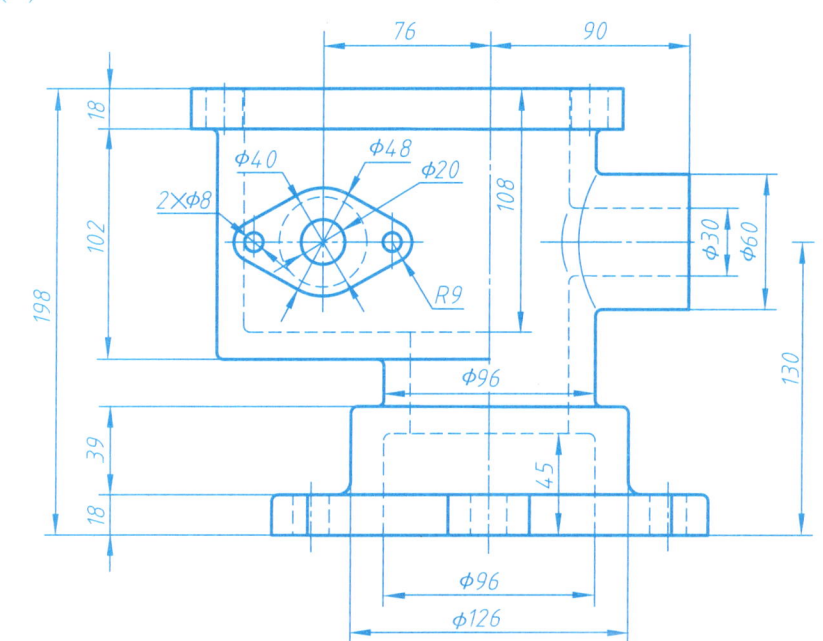

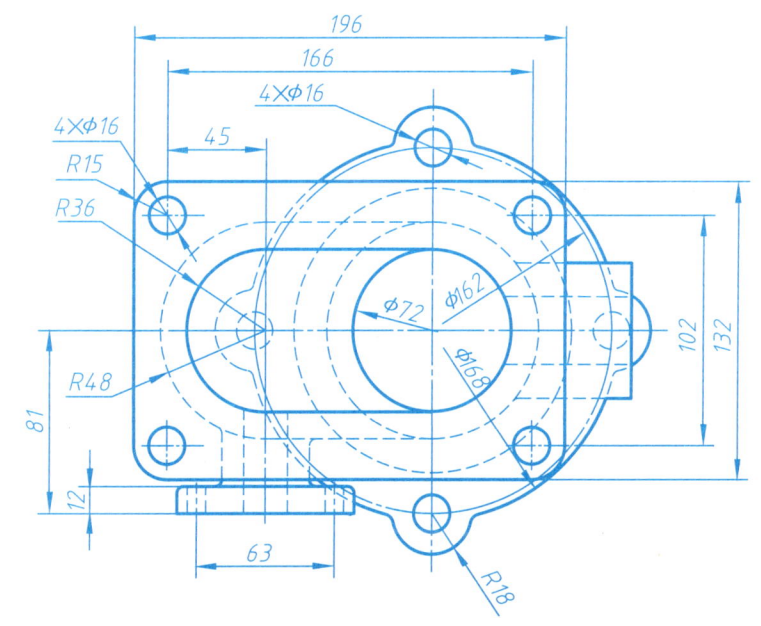

技术要求
1. 未注圆角为 R3。
2. 铸件不得有气孔、裂纹等缺陷。

(2)

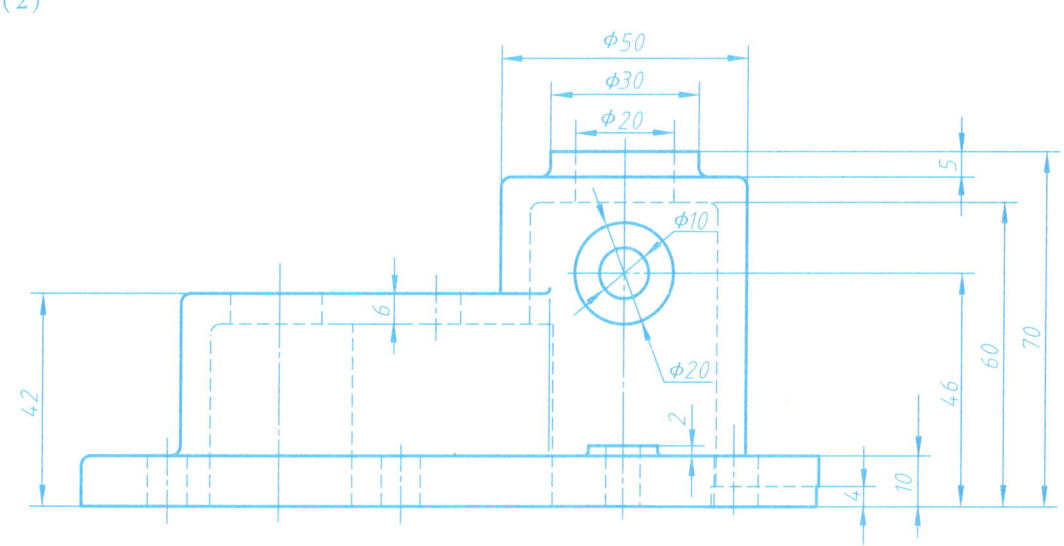

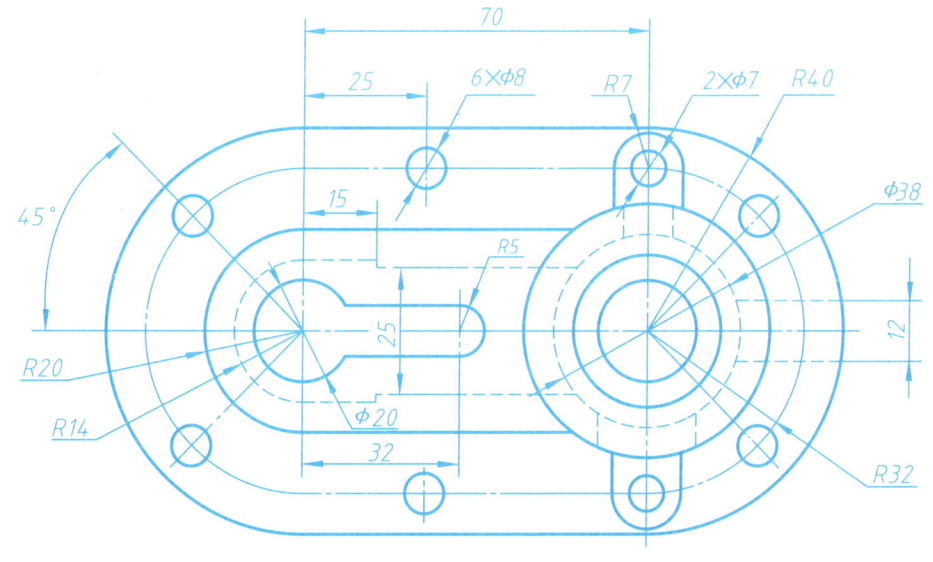

技术要求
未注圆角为 R2～R3。

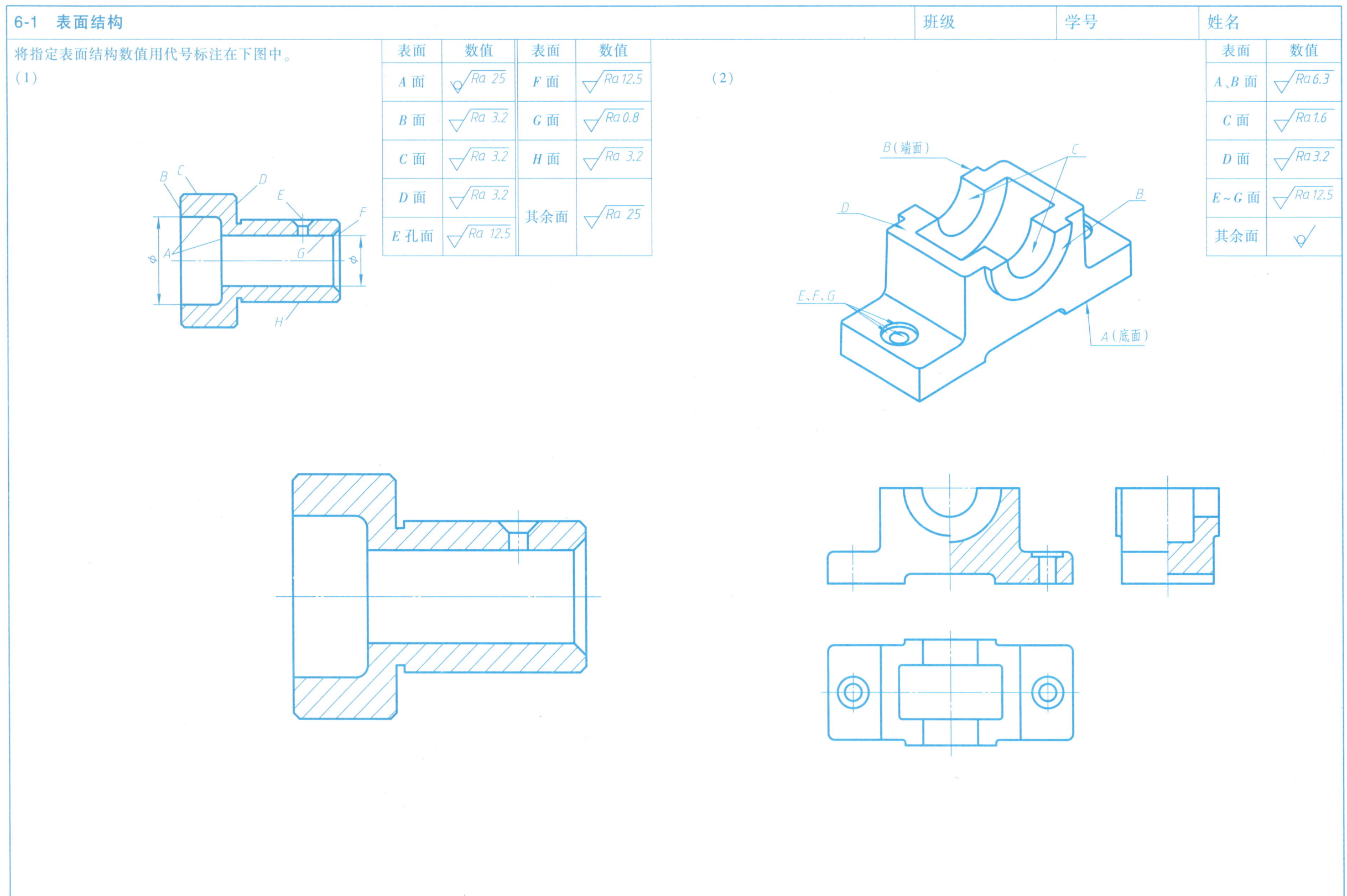

6-2 公差配合和几何公差

1. 根据装配图中的配合尺寸查表，在零件图中注出基本尺寸和上、下极限偏差数值，并填空。

(1)
轴与轴套的配合为基＿＿＿制＿＿＿配合；轴的基本偏差代号是＿＿＿＿，公差等级为＿＿＿＿级。
轴套与座体的配合为基＿＿＿制＿＿＿配合；座体的基本偏差代号是＿＿＿＿，公差等级为＿＿＿＿级。

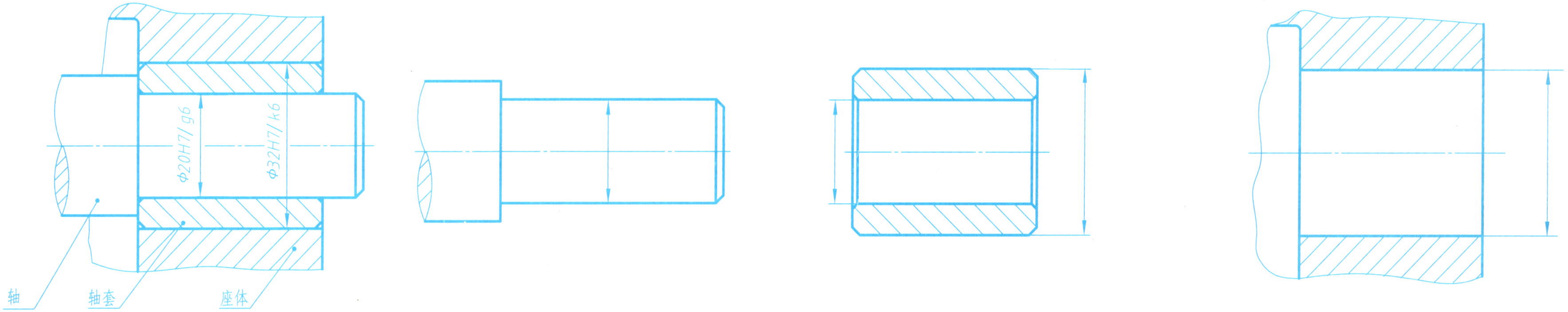

(2)
轴与轴承内孔的配合采用基＿＿＿制＿＿＿配合；轴的基本偏差代号是＿＿＿＿。
轴承外圈与座体孔的配合采用基＿＿＿制＿＿＿配合；座体的基本偏差代号是＿＿＿＿。

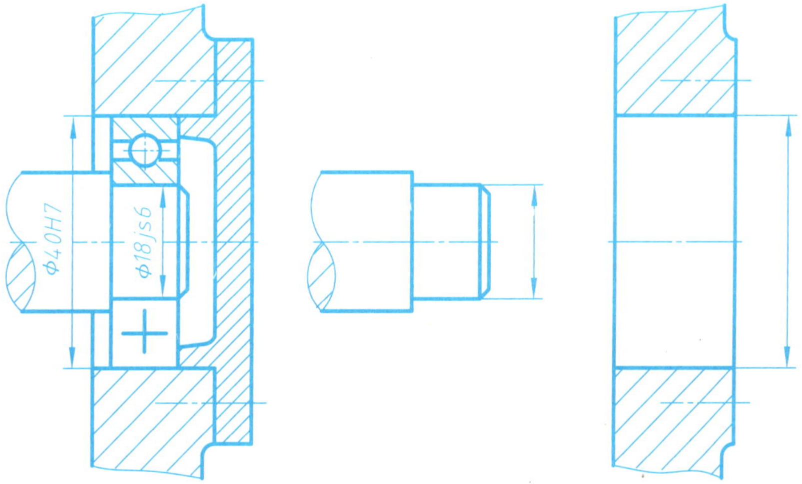

2. 根据文字说明，在图中标注几何公差。
1) 水平圆柱孔轴线的直线度公差为 φ0.012。
2) 水平圆柱孔的圆度公差为 0.005。
3) 底面的平面度公差为 0.01。
4) 水平圆柱孔轴线对底面的平行度公差为 φ0.03。

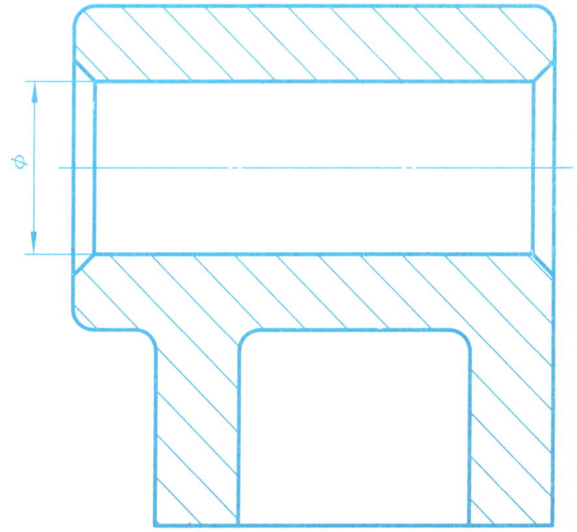

6-3 读零件图

| 班级 | | 学号 | | 姓名 | |

1. 读懂零件图，在图中用文字和指引线标出齿轮轴的主要尺寸基准，补画 A—A 断面图（键槽的尺寸请查表），用软件完成零件的三维建模，并填空。

模数 m	2
齿数 z	18
压力角 α	20°
精度等级	8-7-7 FL

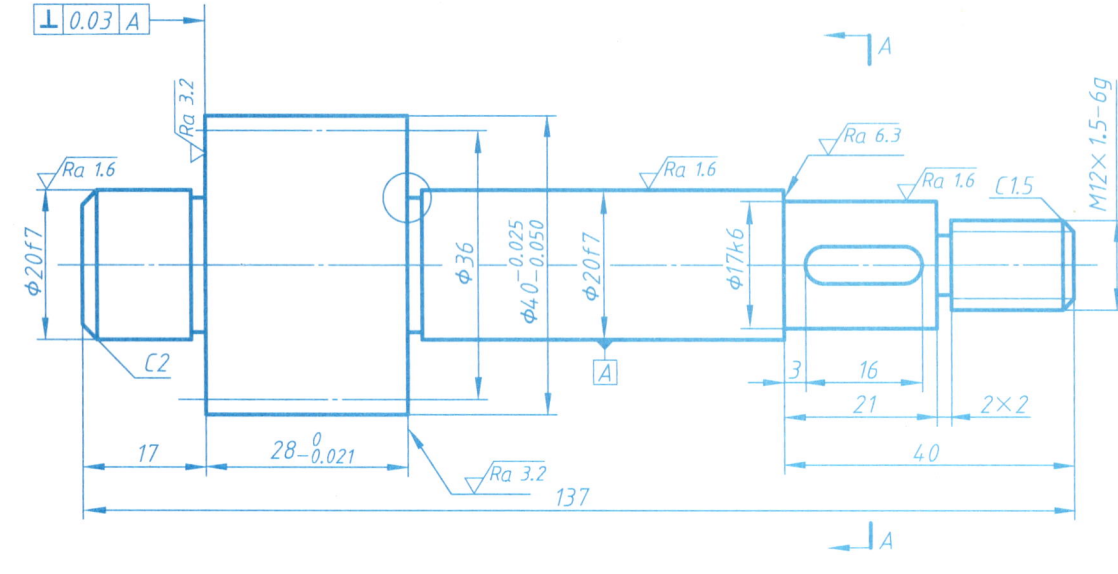

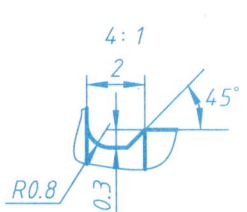

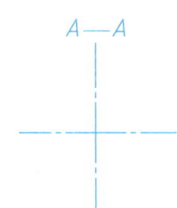

技术要求
1. 调质处理220～250HBW。
2. 锐角倒钝。

1）说明 φ20f7 的含义：φ20 为_____，f7 为_____，如将 φ20f7 写成有上、下极限偏差的形式，注法为_____。
2）说明 ⊥ 0.03 A 的含义：_____。
3）指出图中的工艺结构：有_____处倒角，其尺寸分别为_____，有_____处退刀槽，其尺寸分别为_____。

√Ra 12.5 (√)

设计		45	（校名）
校核			齿轮轴
审核		比例 1：1	
班级			
学号		共 张 第 张	（图样代号）

| 6-3 读零件图（续） | 班级 | 学号 | 姓名 |

2. 读懂零件图，补画右视图，用软件完成零件的三维建模，并填空。

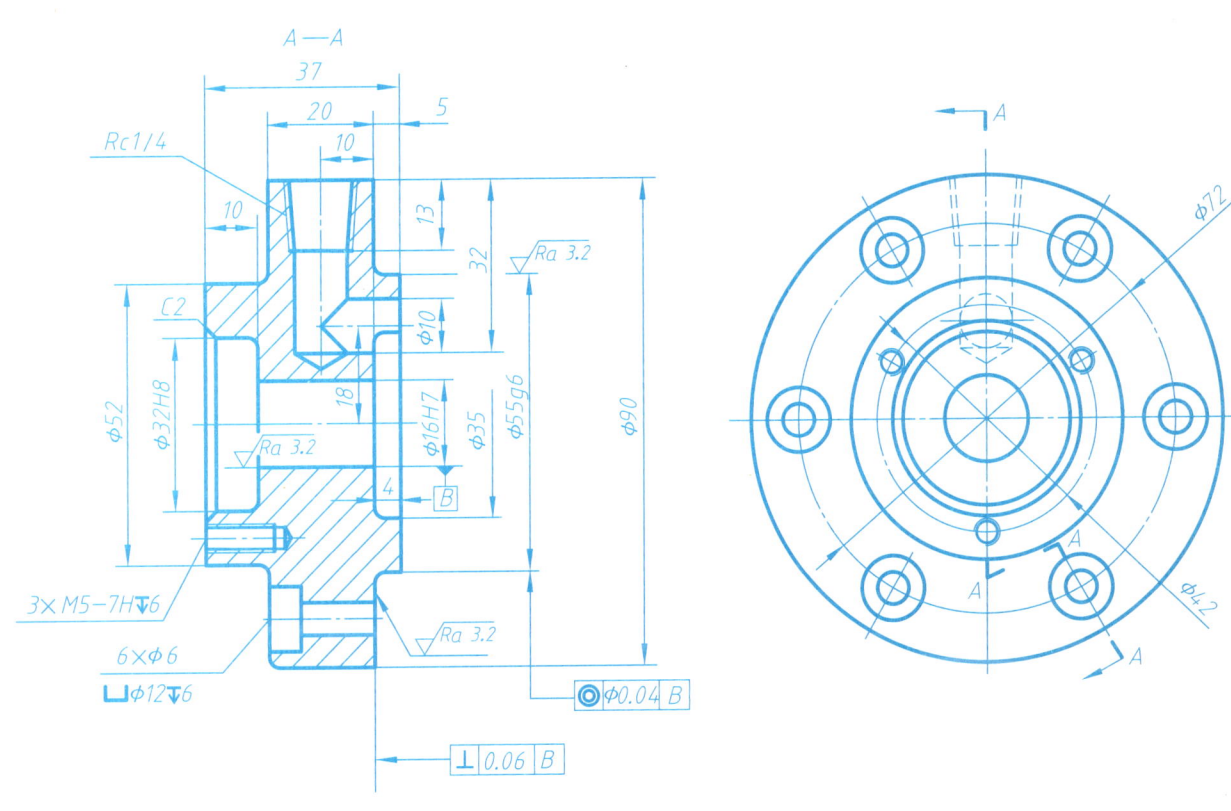

1) 该零件的名称为_____，所用材料为_____。
2) 零件的主视图为_____剖视图，采用的是_____的剖切平面。
3) 零件长度方向的主要尺寸基准是直径为_____的圆柱的____端面。
4) 零件上有____处几何公差，含义分别为：_____，
_____。
5) M5 螺纹孔的公称直径为_____，数量为_____，螺纹孔深度为_____。

技术要求
1. 铸件不得有砂眼、裂纹等缺陷。
2. 铸件应做人工时效处理。
3. 全部螺纹孔均倒角。
4. 锐边倒钝，未注圆角为R2。

6-3 读零件图（续）

3. 读懂零件图，画出 A—A 剖视图（采用对称画法），用软件完成零件的三维建模，并填空。

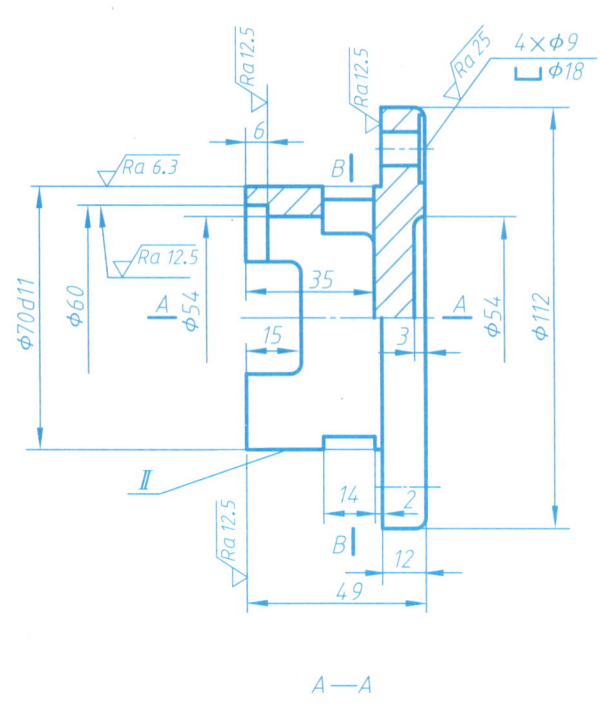

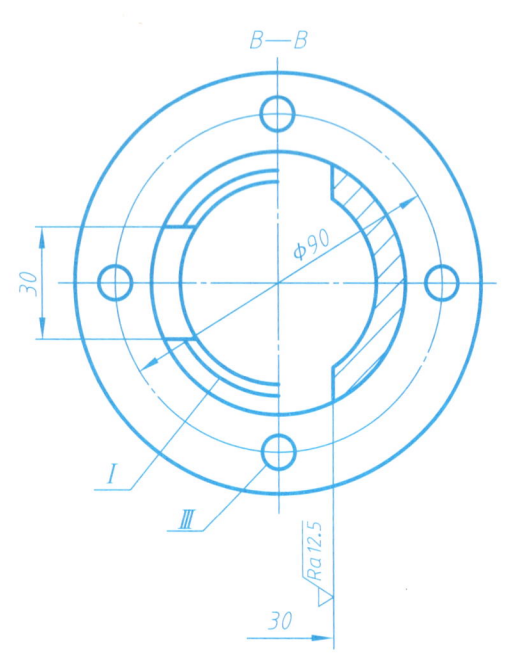

1）该零件所用材料为_____。
2）主视图和左视图都采用了_____视图的表达方法。
3）零件左端有_____个槽，槽深为_____，槽宽为_____。
4）尺寸 φ70d11 中 φ70 表示_____，d 表示_____，11 表示_____。
5）表面Ⅰ的表面结构数值为_____，表面Ⅱ的表面结构数值为_____，表面Ⅲ的表面结构数值为_____。

技术要求
1. 铸件不得有砂眼、裂纹等缺陷。
2. 铸件应做人工时效处理。
3. 锐边倒钝，未注圆角为R3。

设计		HT250	（校名）
校核			
审核		比例 1:1	轴承盖
班级			
学号		共 张 第 张	（图样代号）

6-3 读零件图（续）

4. 读懂零件图，在图中用文字和指引线标出长、宽、高方向的主要尺寸基准，补画 B—B 剖视图，用软件完成零件的三维建模，并填空。

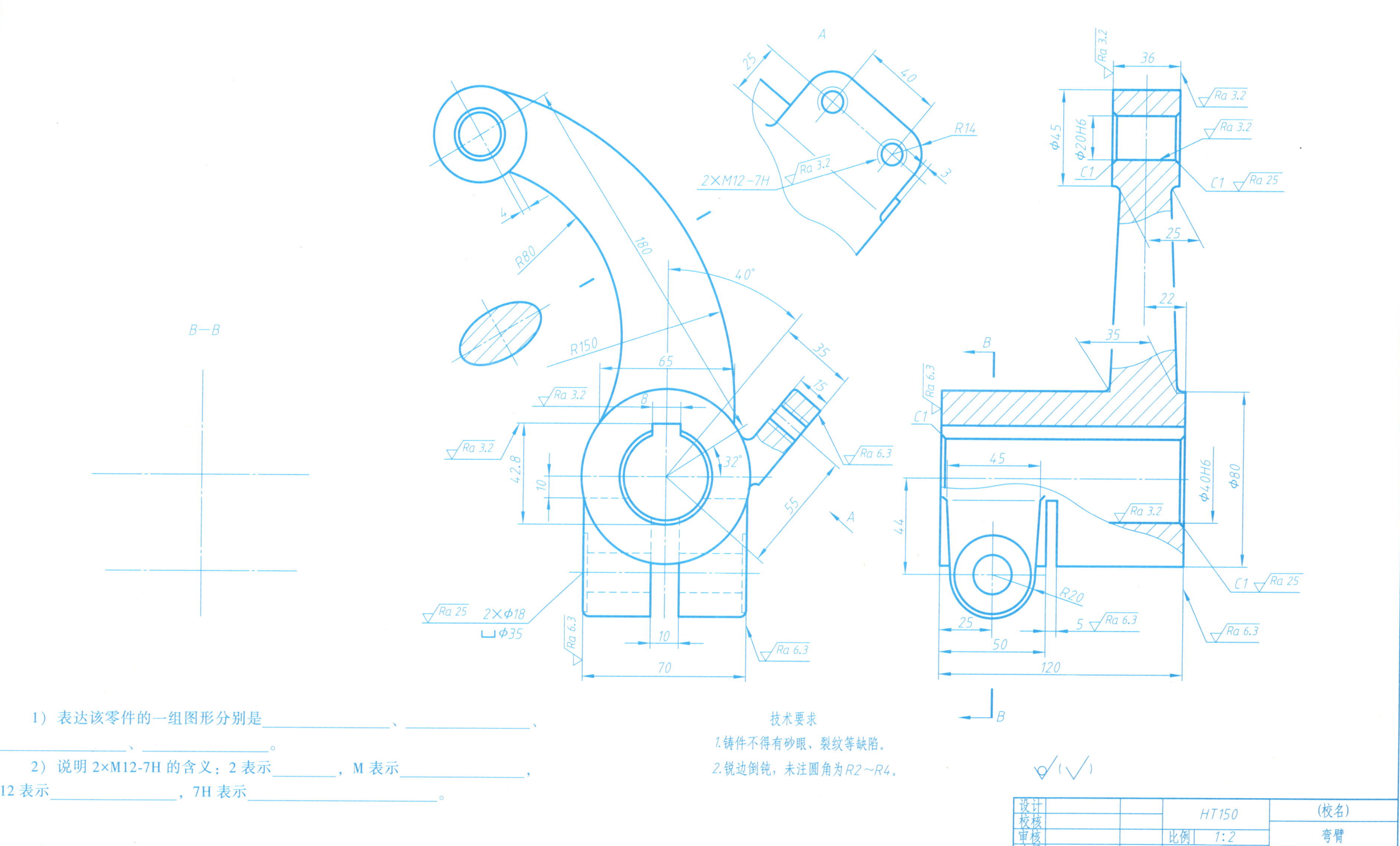

1) 表达该零件的一组图形分别是 _____、_____、_____、_____。

2) 说明 2×M12-7H 的含义：2 表示 _____，M 表示 _____，12 表示 _____，7H 表示 _____。

技术要求
1. 铸件不得有砂眼、裂纹等缺陷。
2. 锐边倒钝，未注圆角为 R2~R4。

HT150　比例 1:2　弯臂

6-3 读零件图（续）

5. 读懂零件图，在图中用文字和指引线标出长、宽、高方向的主要尺寸基准，补画 A—A 剖视图，用软件完成零件的三维建模，并填空。

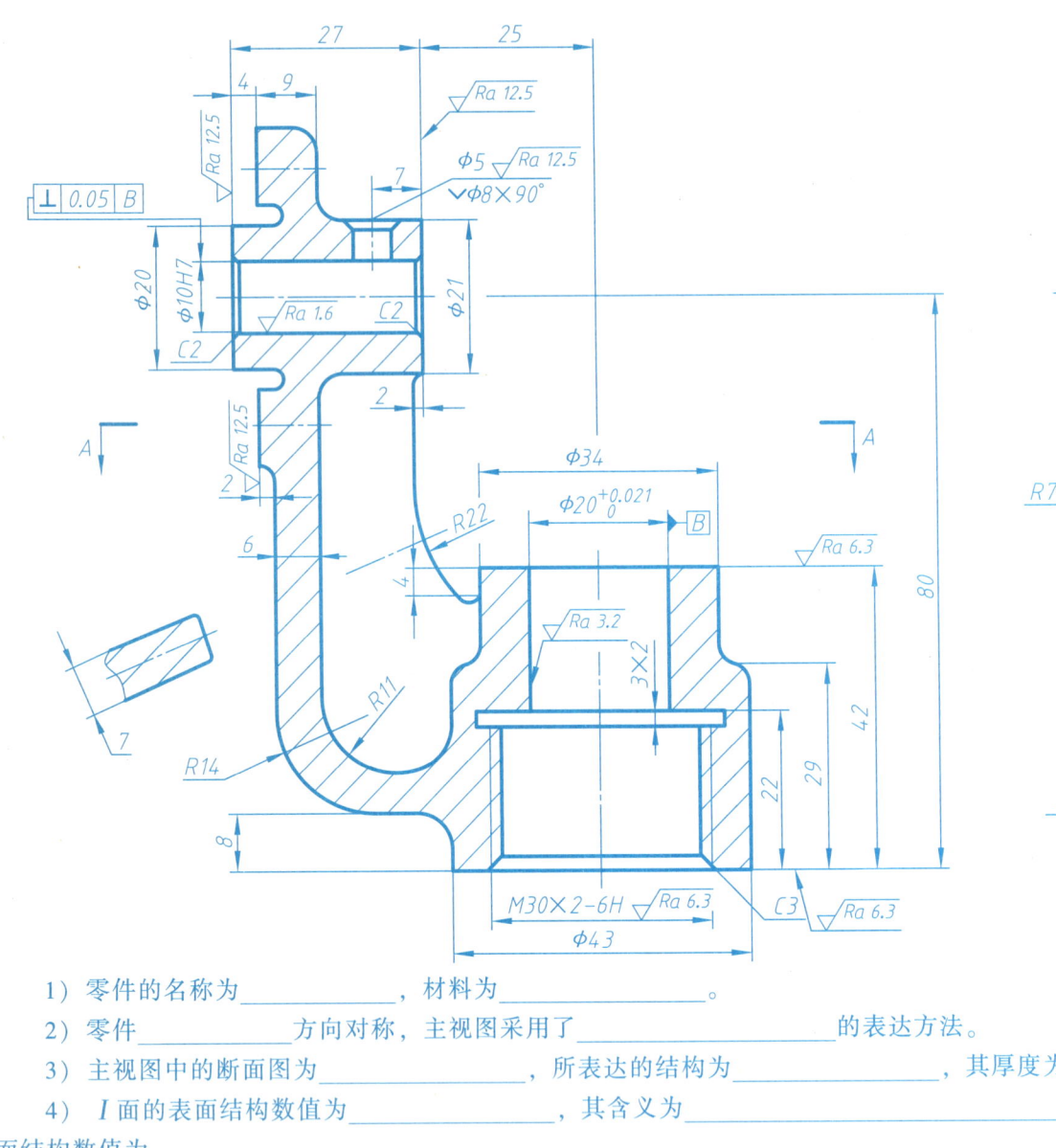

技术要求
1. 铸件不得有砂眼、缩孔、裂纹等缺陷。
2. 未注圆角为 R3~R5。

1) 零件的名称为_____，材料为_____。
2) 零件_____方向对称，主视图采用了_____的表达方法。
3) 主视图中的断面图为_____，所表达的结构为_____，其厚度为_____。
4) Ⅰ面的表面结构数值为_____，其含义为_____；Ⅱ面的表面结构数值为_____。
5) φ10H7 孔的定形尺寸为_____，4×M6-6H 的定位尺寸为_____。
6) 高度方向的 80 为_____尺寸，42 为_____尺寸（指出定形或定位尺寸）。
7) 在主视图上可以看到 φ20 的左端面超出连接板，这是为了增加 φ10H7 轴孔的_____面，47×57 连接板的中部做成凹槽是为了减少_____面。
8) 主视图中标注的几何公差中，基准要素为_____，被测要素为_____，几何公差的含义为_____。
9) $\phi 20^{+0.021}_{0}$ 的公称尺寸为_____，上极限偏差为_____，下极限偏差为_____，公差为_____。

设计		HT150	（校名）
校核			
审核		比例 1:1	支架
班级			
学号		共 张 第 张	（图样代号）

6-3 读零件图（续）   班级   学号   姓名

6. 读懂零件图，在指定位置画出主视图的外形图，用软件完成零件的三维建模，并填空。

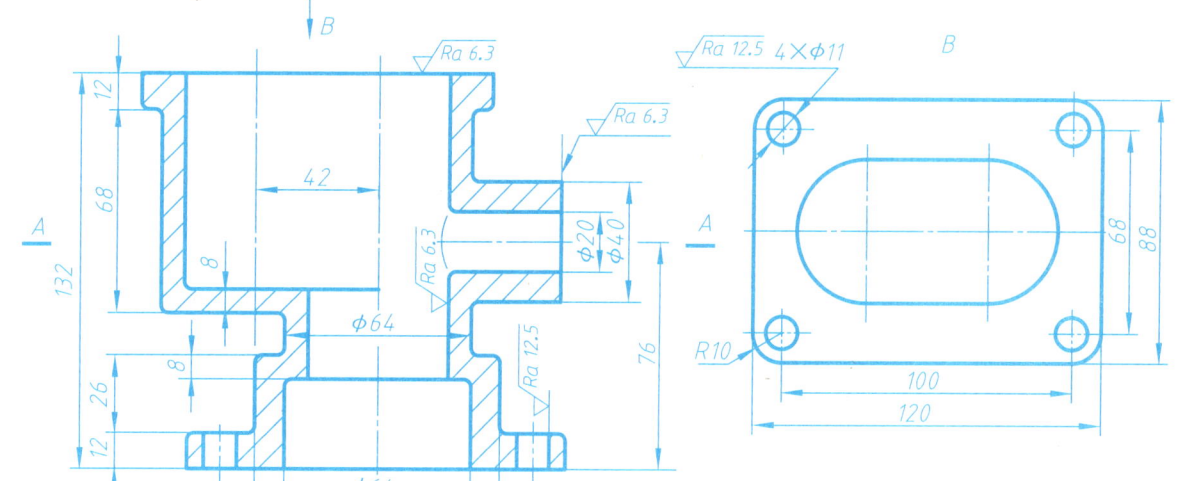
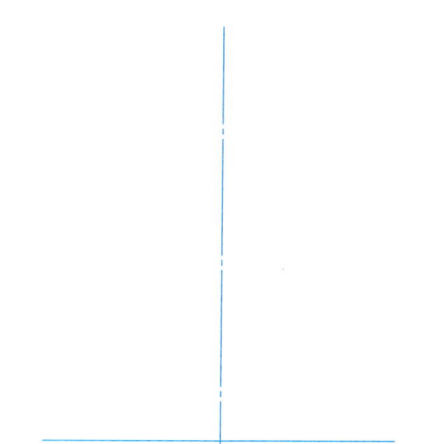
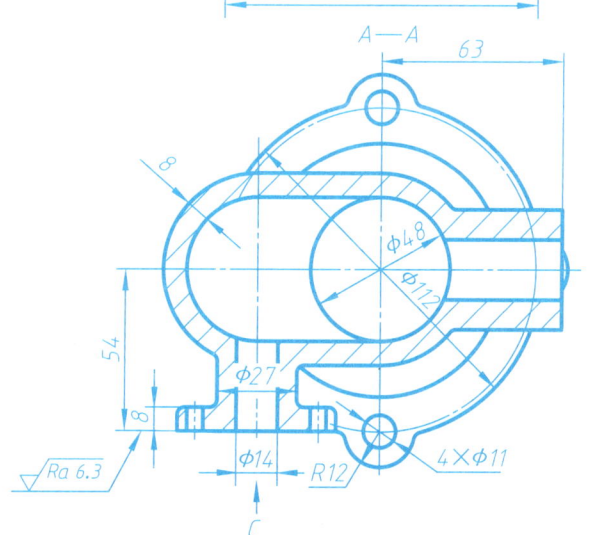
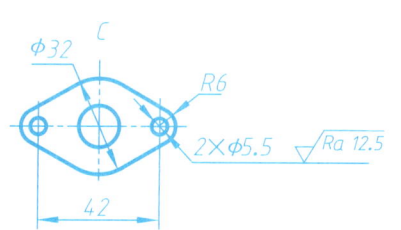

技术要求
1. 铸件不得有砂眼、缩孔、裂纹等缺陷。
2. 未注圆角为R3。

1）零件的名称为_____，材料为_____。
2）主视图和俯视图采用了_____的表达方法，视图上标注 C 的图为_____图。
3）该零件表面结构要求最高为_____，要求最低为_____。
4）图中 φ11 的孔共有_____个，它们的定位尺寸分别为_____、_____、_____。
5）图中高度方向的 132 为_____尺寸，76 为_____尺寸（指出定形或定位尺寸）。

设计		HT150	（校名）
校核			
审核		比例 1:2.5	底座
班级			
学号		共 张 第 张	（图样代号）

6-3 读零件图（续）

7. 读懂零件图，在图中用文字和指引线标出长、宽、高方向的主要尺寸基准，补画 B—B 全剖视图，用软件完成零件的三维建模，并填空。

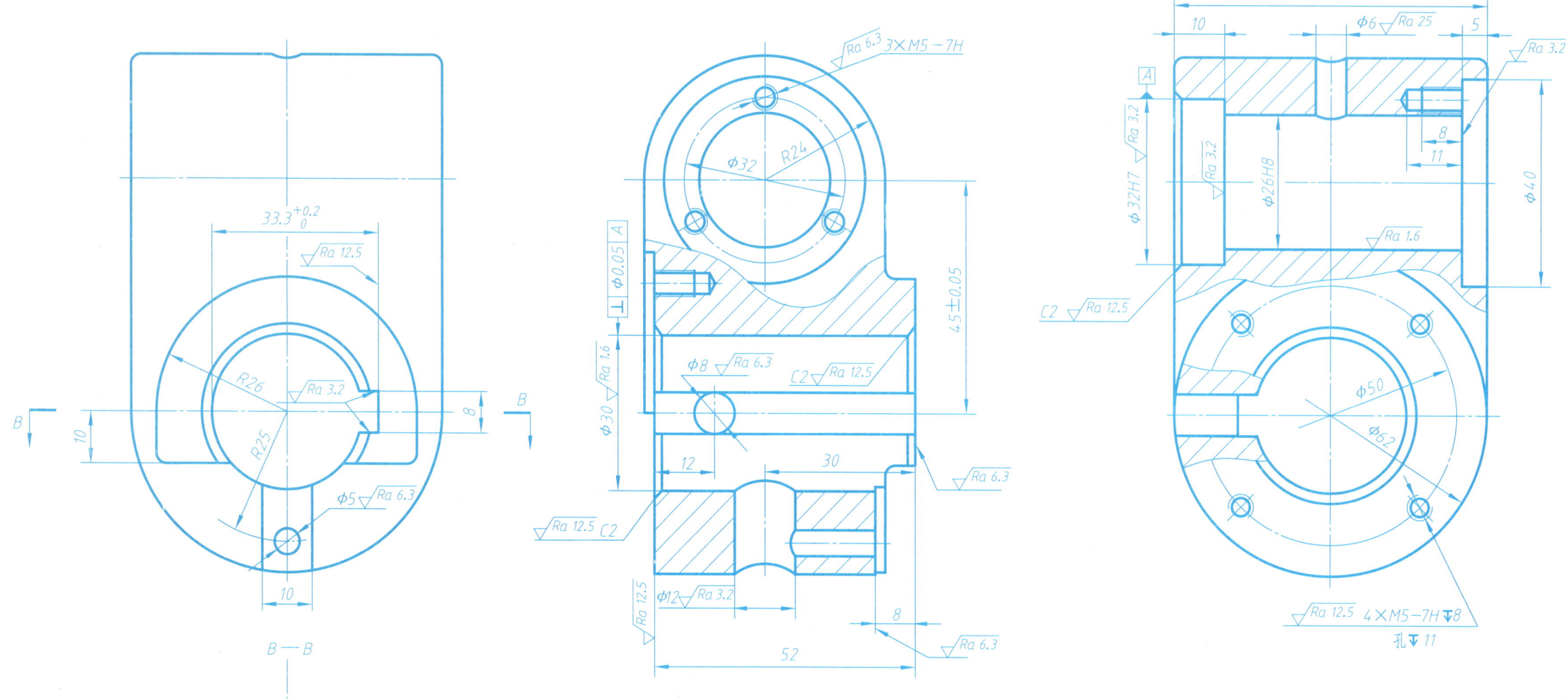

技术要求
1. 铸件不得有砂眼、缩孔、裂纹等缺陷。
2. 未注圆角为R2。

1) 3×M5-7H 表示_____，7H 表示_____。
2) ⊥ ⌀0.05 A 的含义：_____。

	HT150	（校名）
	比例 1:1	壳体
	共 张 第 张	（图样代号）

6-3 读零件图（续）

8. 读懂零件图，在图中用文字和指引线标出长、宽、高方向的主要尺寸基准，画出 C 向视图（虚线省略不画），用软件完成零件的三维建模，并填空。

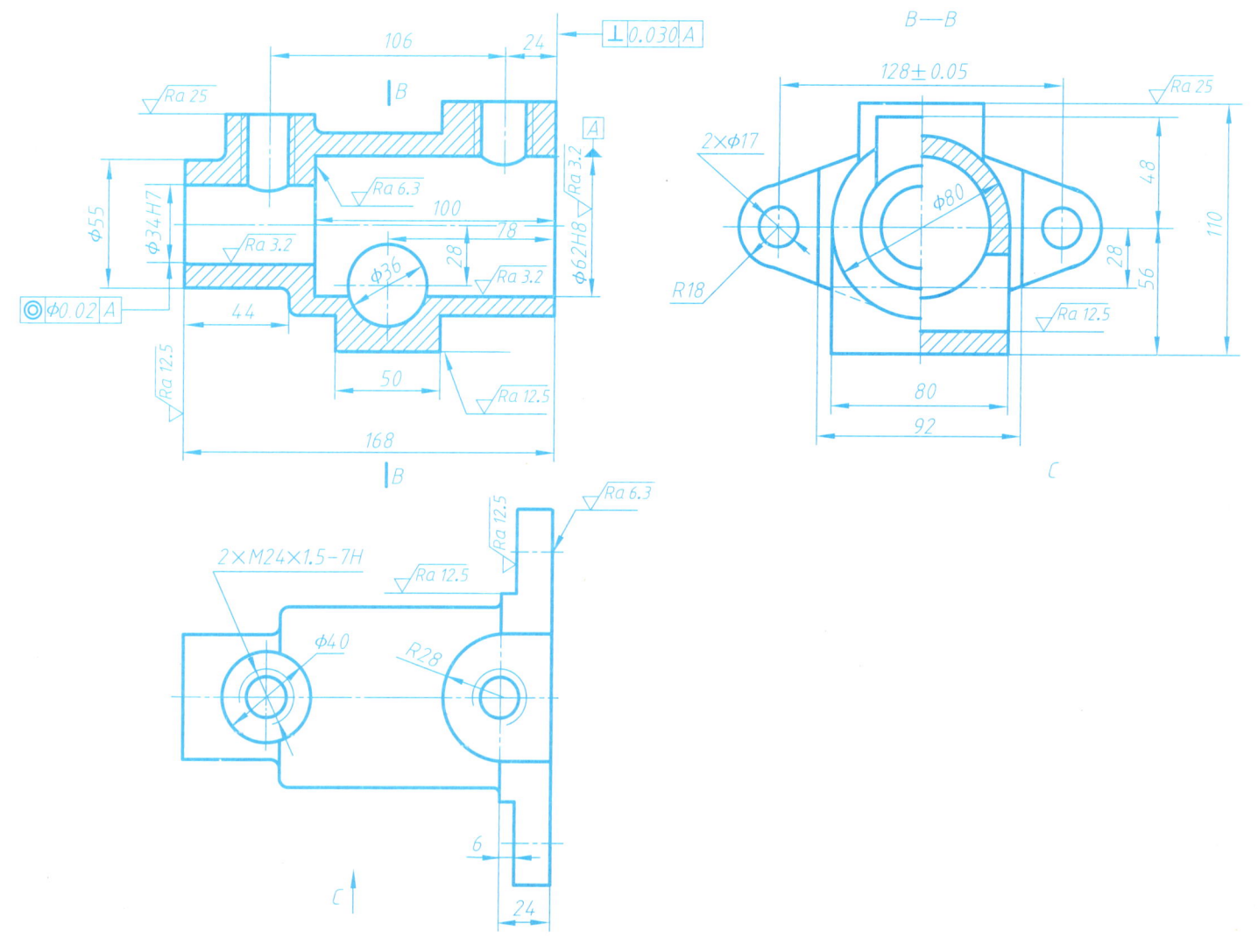

1) 说明 M24×1.5-7H 的含义：M 表示_____，24 表示_____，1.5 表示_____，7H 表示_____。
2) φ36 孔的定位尺寸为_____、_____，宽度以_____定位。
3) 零件左端面的表面结构要求为_____，其含义为_____。

技术要求
1. 铸件不得有砂眼、缩孔、裂纹等缺陷。
2. 未注圆角为 R3～R5。

| 6-4 根据零件轴测图绘制零件图 | 班级 | 学号 | 姓名 |

第四次绘图作业——根据零件轴测图绘制零件图

作业指导书

1. 作业目的和要求

熟悉零件图的内容和要求，掌握绘制零件图的方法。

2. 作业内容及格式

在 A3 图纸上，绘制 1 张或 2 张零件图。

3. 完成作业的步骤及提示

1）根据轴测图，看懂各零件的结构形状，选择恰当的表达方法（视图、剖视图、断面图），完整、正确、清晰地表达零件。

2）对零件图中倒角、退刀槽、键槽等标准结构，应查表确定其尺寸后绘制。

1. 零件名称：踏架
   材料：HT150
   铸造圆角：R2~R3

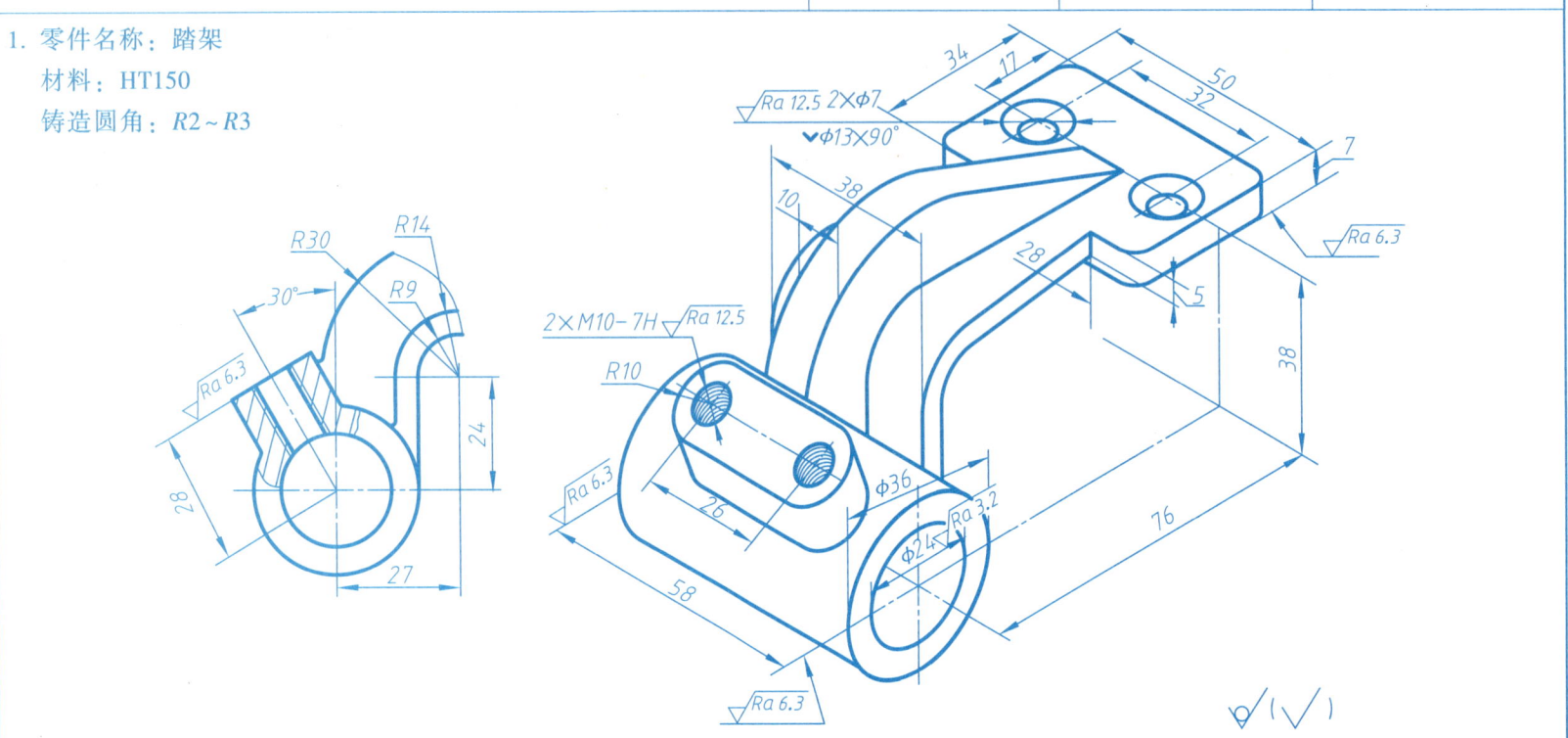

2. 零件名称：阀体
   材料：HT150

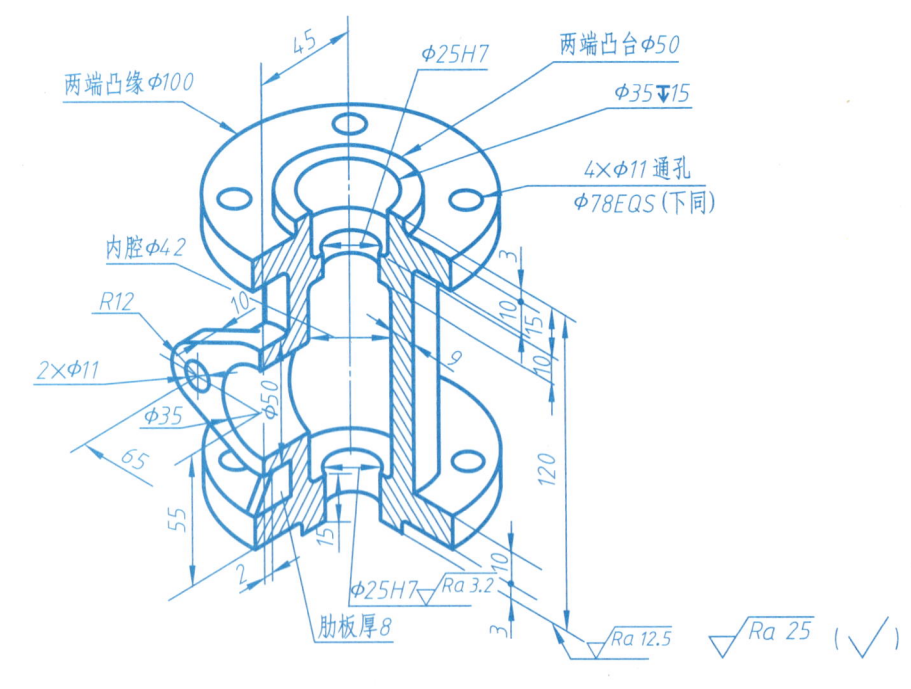

第七章 标准件与常用件

7-1 螺纹与螺纹紧固件

| 班级 | 学号 | 姓名 |

1. 分析螺纹标记的意义并填表。

(1) 分析普通螺纹与梯形螺纹标记的意义,逐项填入表内

标记	螺纹种类	公称直径	导程	螺距	线数	公差带代号	旋向	旋合长度
M10-6H								
M10×1-5H-S								
M16×1.5-5g6g								
Tr32×12(P6)LH-7e								

(2) 分析管螺纹标记的意义,逐项填入表内

标记	螺纹种类	尺寸代号	旋向
G1			
Rc3/4			
Rp1/2-LH			

2. 正确绘制下列螺纹,其中,螺纹大径为24mm,倒角为C2。

(1) 外螺纹

(2) 内螺纹

3. 根据要求,标注螺纹尺寸。

(1) 细牙普通螺纹,公称直径为8mm,螺距为1mm,左旋,中径和顶径的公差带相同,外螺纹公差带代号为6f,内螺纹公差带代号为7H

(2) 梯形螺纹,公称直径为12mm,螺距为3mm,双线,左旋,中径公差带代号为7e,中等旋合长度

(3) 非密封管螺纹,尺寸代号为1

4. 画出正确的螺纹连接图,旋合长度为25mm

7-1 螺纹与螺纹紧固件（续）　　班级　　学号　　姓名

5. 判断下列螺纹画法的正误，正确的打"√"，错误的打"×"。

(1)　　(2)　　(3)　　(4)　　(5)

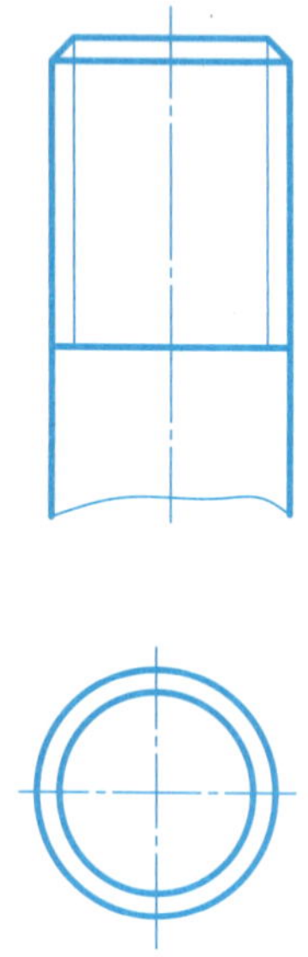

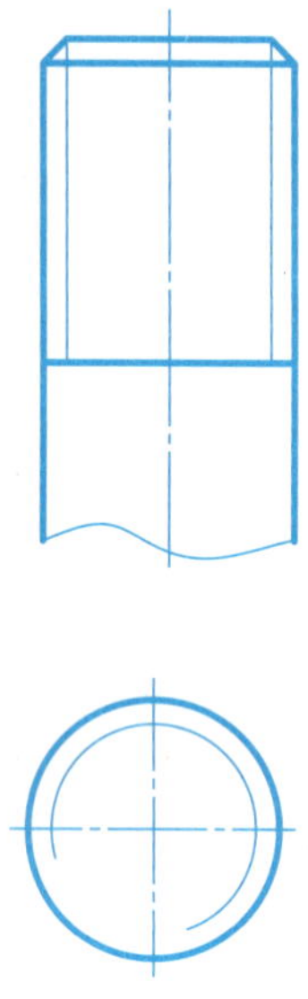

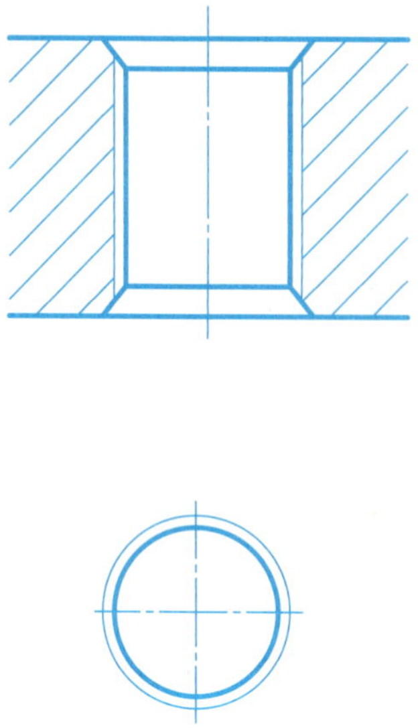

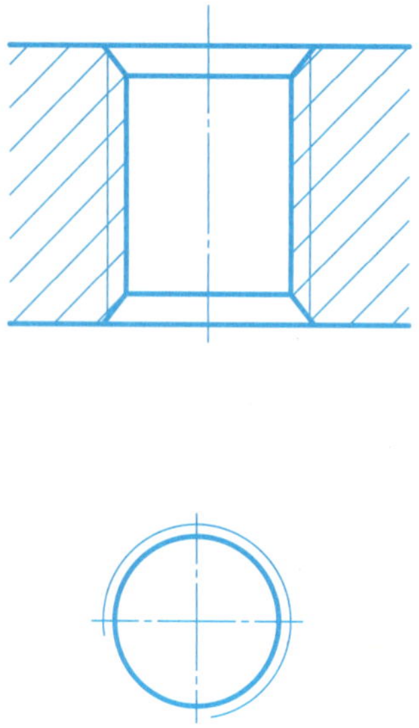

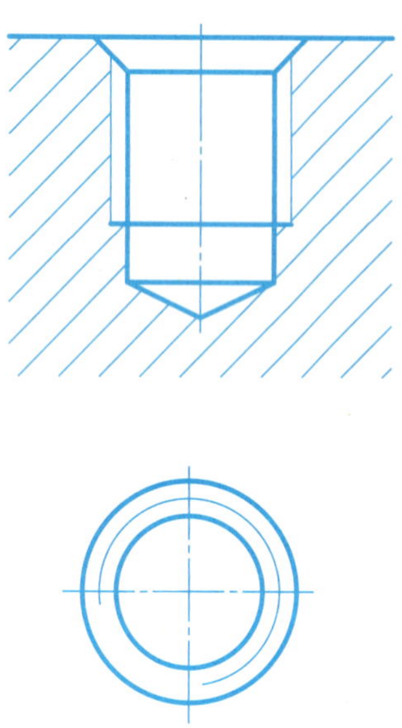

(　)　(　)　(　)　(　)　(　)

6. 找出内、外螺纹旋合画法中的错误，在指定位置绘制正确的画法。

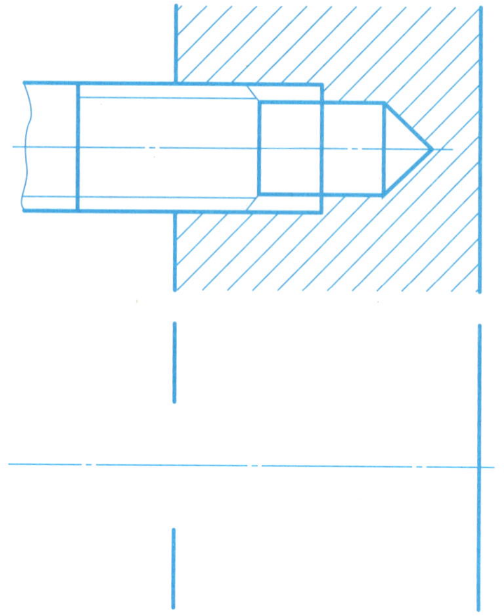

7. 找出下列螺纹画法中的错误，在下方指定位置绘制正确的图形。

(1)　　(2) 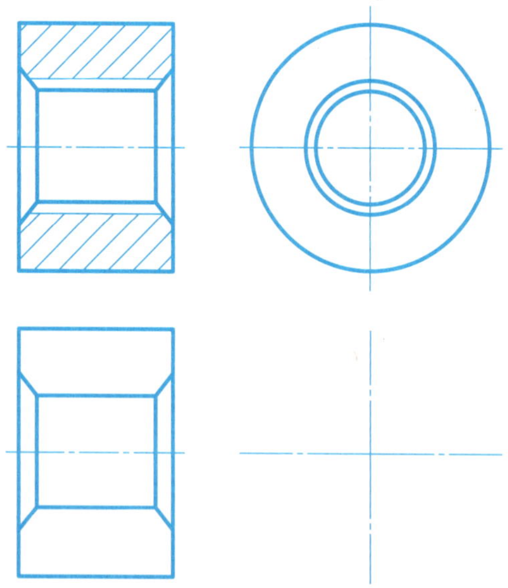　　(3) 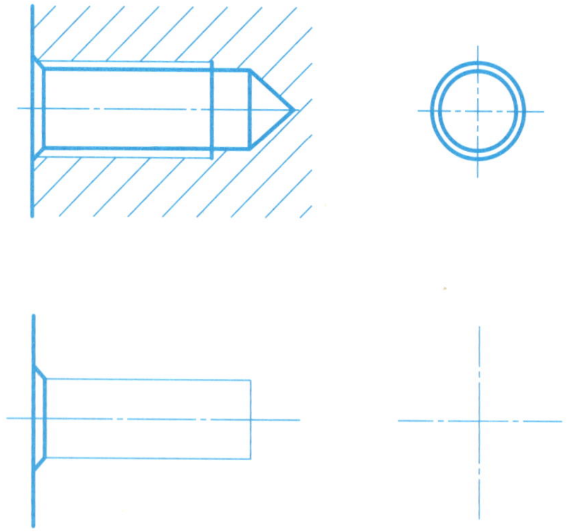　　(4)

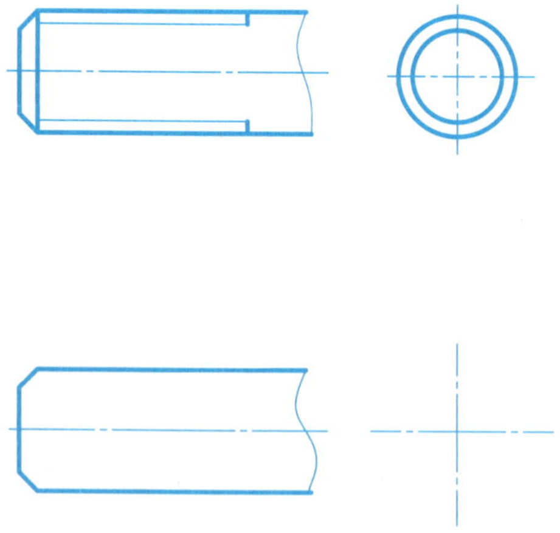

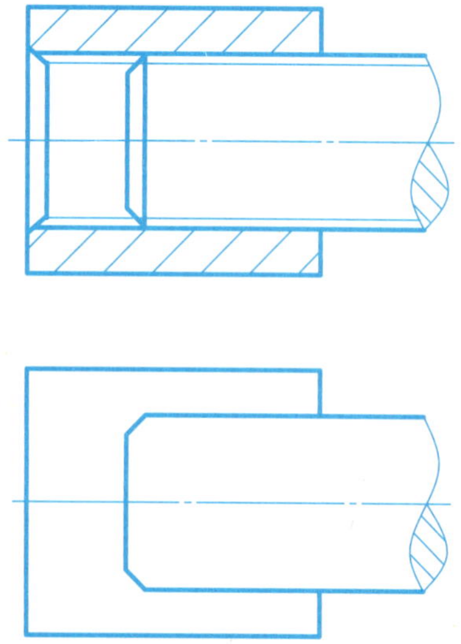

| 7-1 螺纹与螺纹紧固件（续） | 班级 | 学号 | 姓名 |

8. 查表填写下列螺纹紧固件的尺寸。

（1）六角头螺栓，其规定标记为：螺栓 GB/T 5782 M16×60

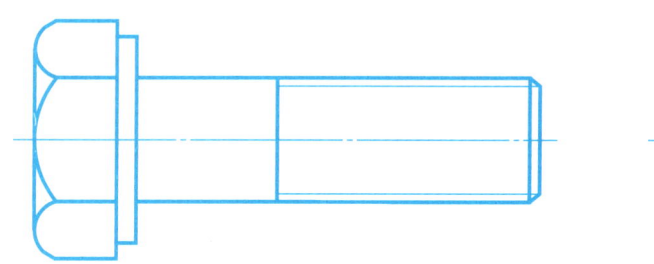 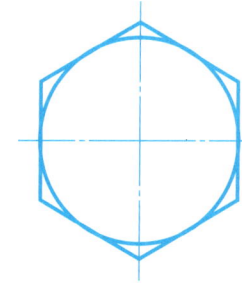

（2）双头螺柱，其规定标记为：螺柱 GB/T 898 M16×60

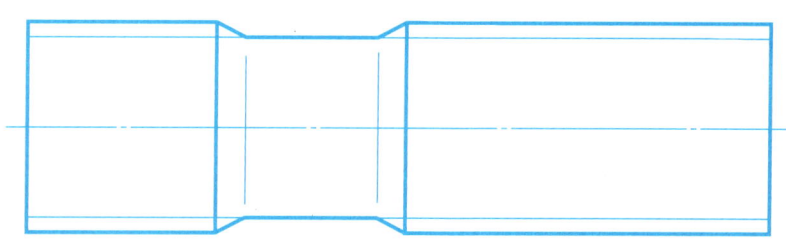

9. 根据所注规格尺寸，查表填写下列螺纹紧固件的规定标记。

（1）C 级六角螺母

（2）平垫圈 A 级

（3）开槽圆柱头螺钉

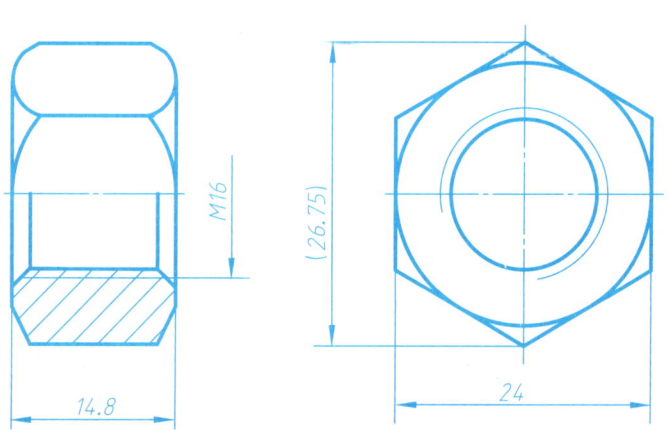

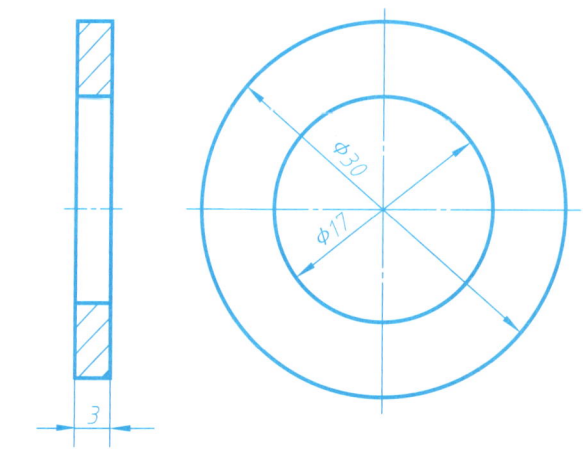

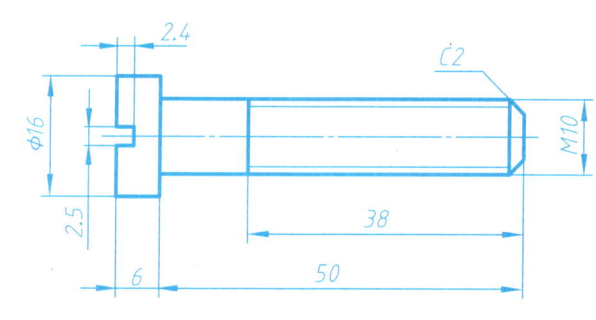 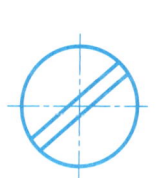

规定标记：_____

规定标记：_____

规定标记：_____

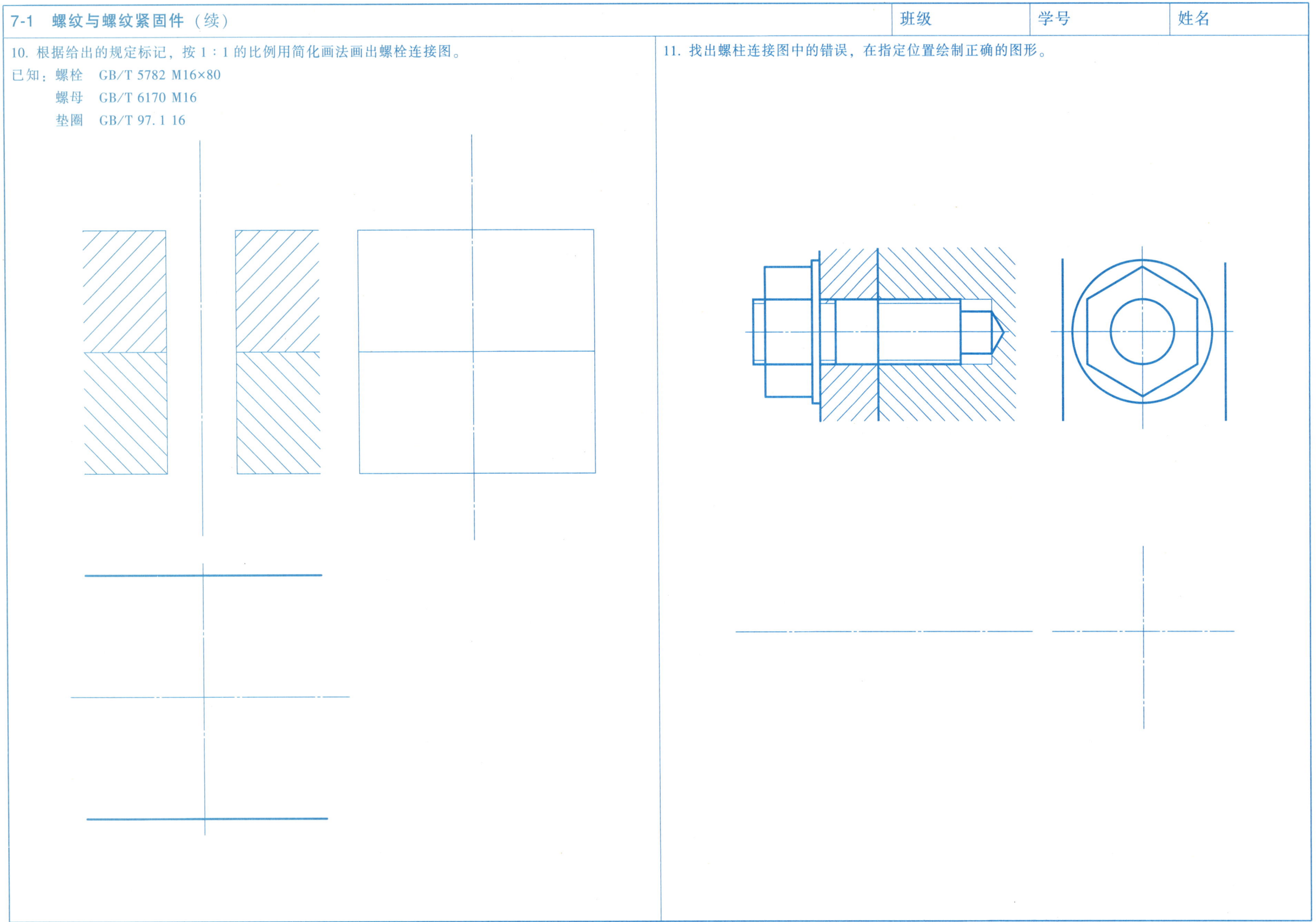

7-1 螺纹与螺纹紧固件（续）	班级	学号	姓名

12. 根据给出的规定标记，按 1∶1 的比例用简化画法作出螺柱连接的主、俯视图。
已知：螺柱　GB/T 898　M16×40
　　　螺母　GB/T 6170　M16
　　　垫圈　GB/T 93　16

13. 根据给出的规定标记，按 1∶1 的比例用简化画法作出螺钉连接的主、俯视图。
已知：螺钉　GB/T 68　M16×60

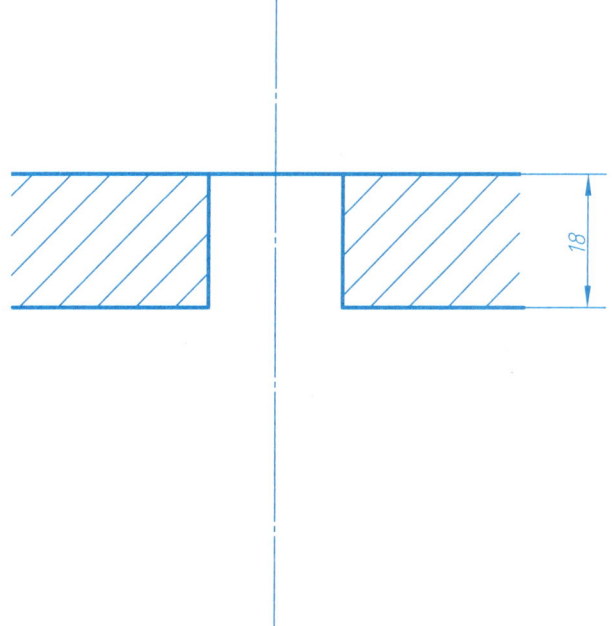

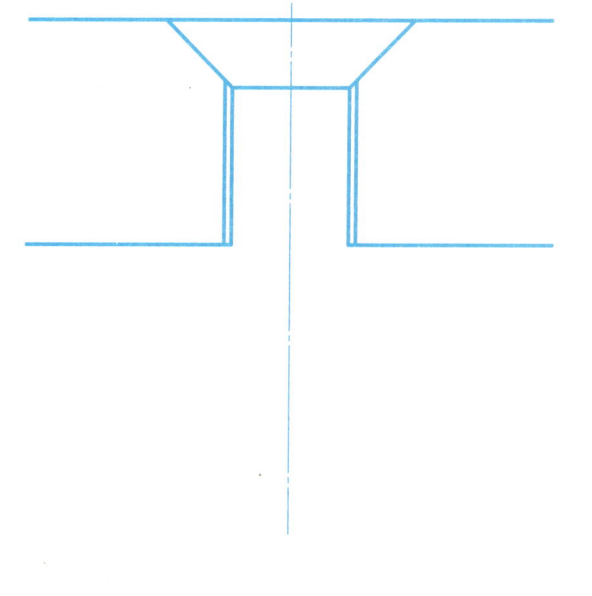

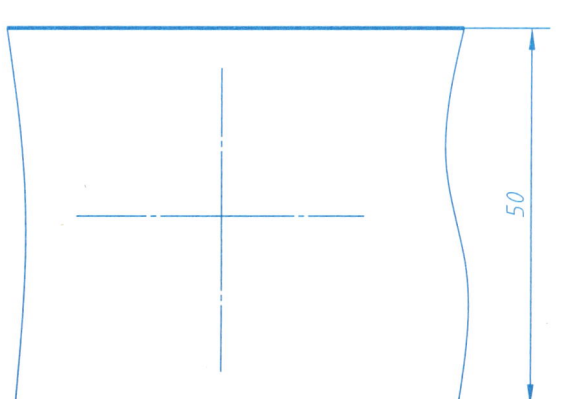

7-1 螺纹与螺纹紧固件（续）	班级	学号	姓名

14. 根据给出的规定标记，按要求完成绘图练习：在同一张 A3 图纸上，采用比例画法绘制螺栓连接、螺柱连接、螺钉连接的装配图；要求图形布局合理、图线清晰、图面整洁；标题栏填写同前。

(1) 已知：
　　螺栓　GB/T 5782　M16×l（l 自行确定）
　　螺母　GB/T 6170　M16
　　垫圈　GB/T 97.2　16

(2) 已知：
　　螺柱　GB/T 898　M16×l（l 自行确定）
　　螺母　GB/T 6170　M16
　　垫圈　GB/T 93　16

(3) 已知：
　　螺钉　GB/T 65　M16×70

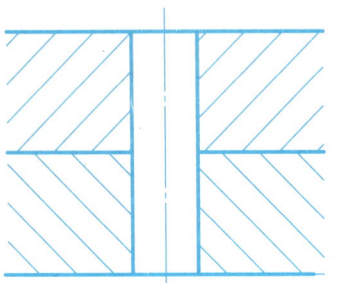
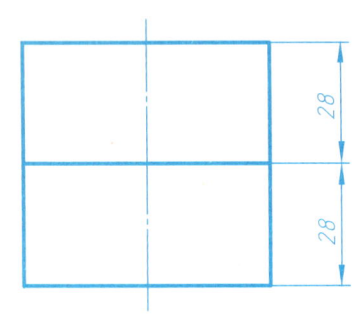
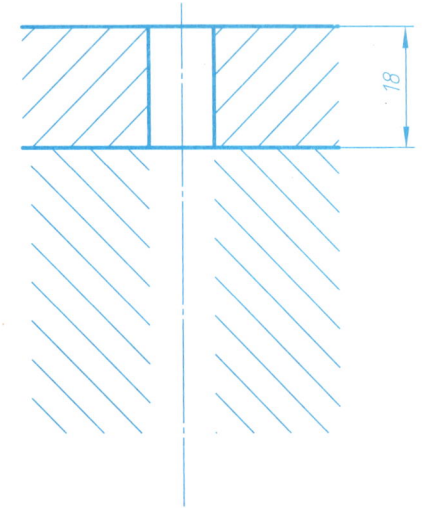

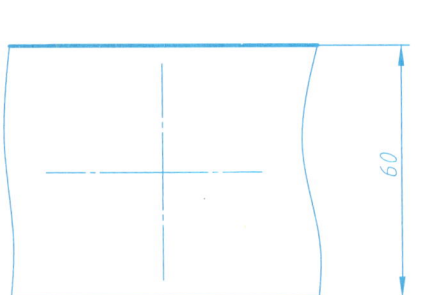
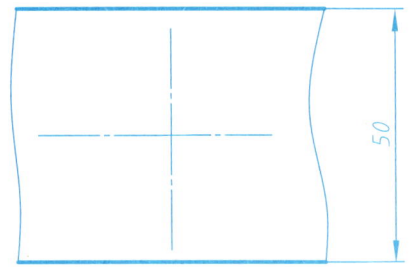
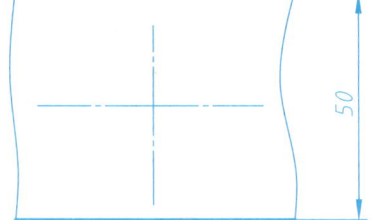

| 7-2 齿轮 | 班级 | 学号 | 姓名 |

1. 已知直齿圆柱齿轮模数 $m = 8$ mm，齿数 $z = 24$。试计算该齿轮的分度圆、齿顶圆和齿根圆的直径，完成齿轮的两视图并标注尺寸（轮齿倒角为 $C1$）。

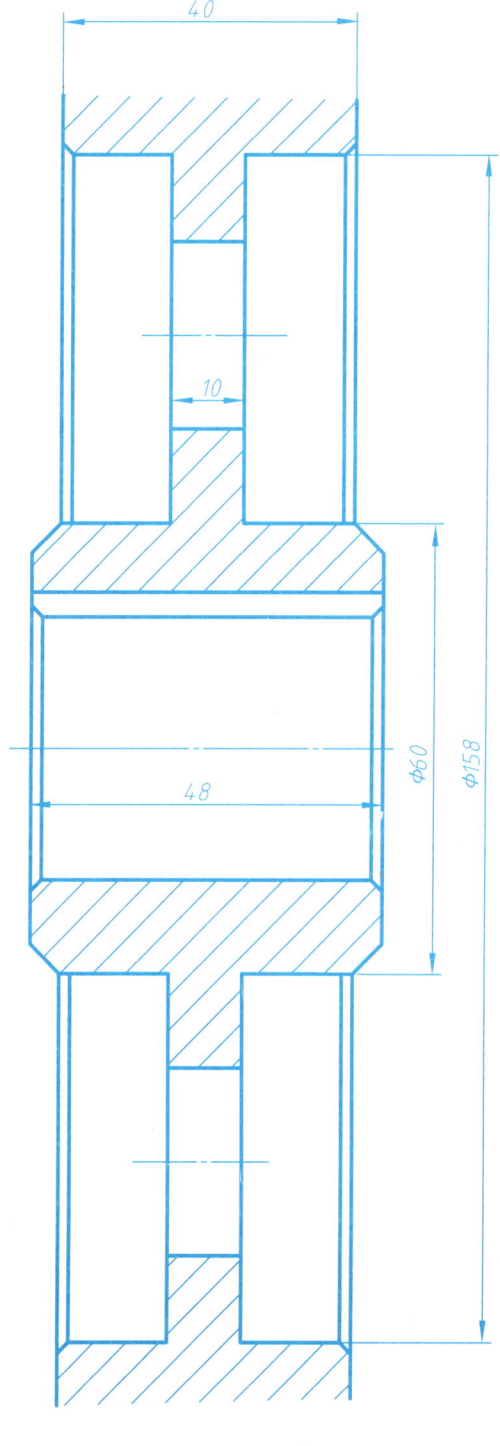

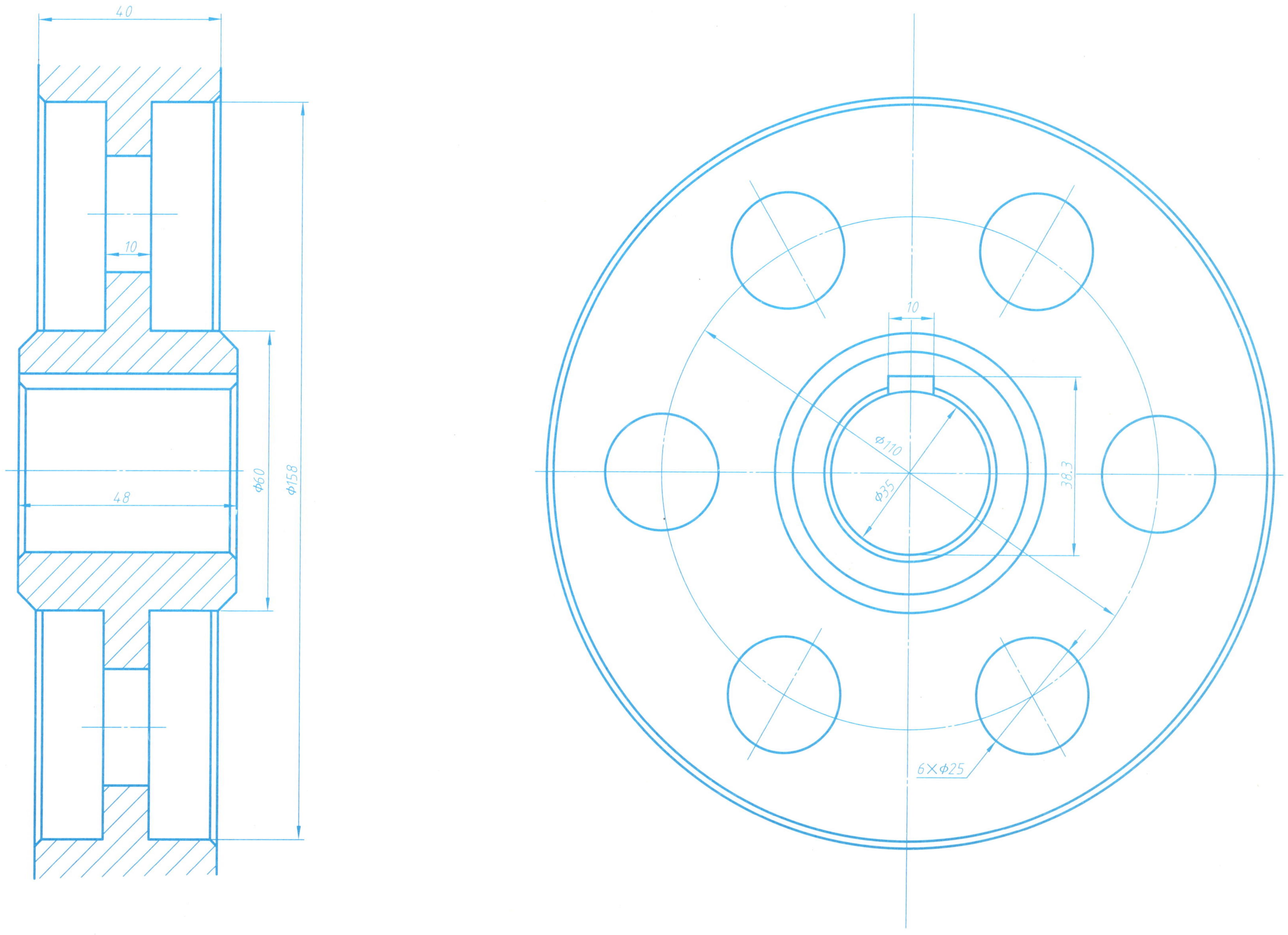

7-2 齿轮（续）

2. 已知大齿轮的模数 $m=4$mm，齿数 $z=38$，两齿轮的中心距 $a=110$mm。试计算大、小齿轮的分度圆、齿顶圆和齿根圆的直径，完成两齿轮的啮合图（比例为 1∶2）。

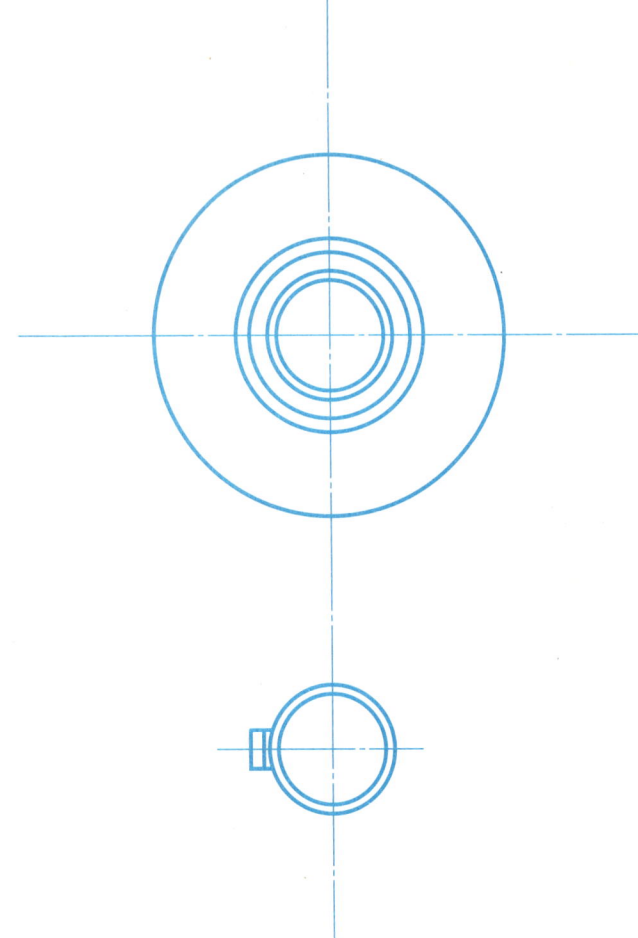
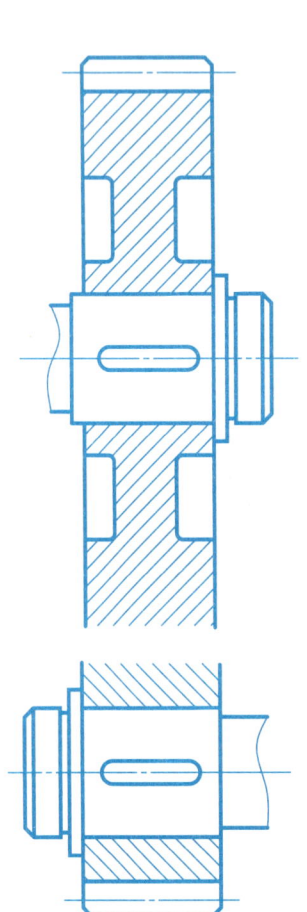

| 7-3　键连接和销连接 | 班级 | 学号 | 姓名 |

1. 图中齿轮和轴的连接采用的是 A 型普通平键，轴和轴孔的公称直径为 20mm，键长为 25mm。按如下要求作图：①查表确定键和键槽的尺寸，分别在轴和齿轮图中注出键槽尺寸；②绘制完全键连接图，写出键的规定标记。

（1）轴

（3）键连接图

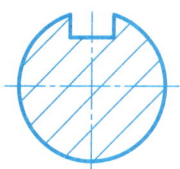

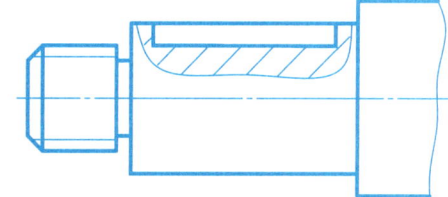

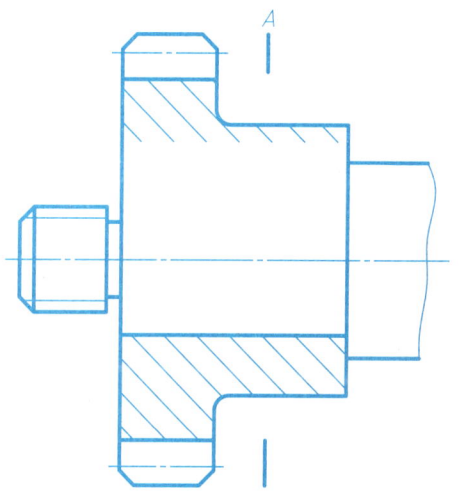

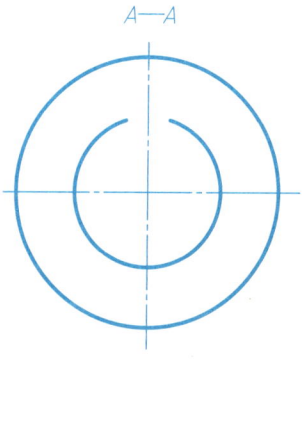

（2）齿轮

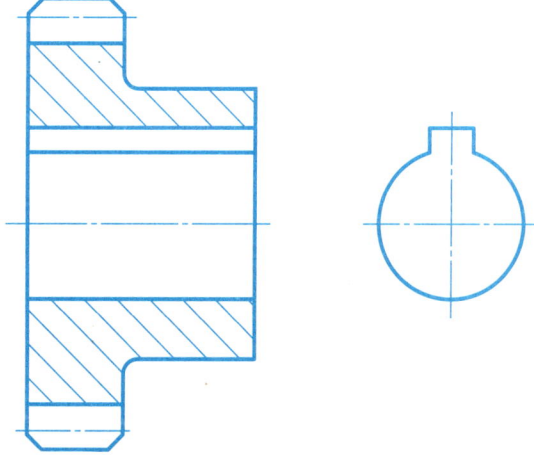

键的规定标记：＿＿＿＿＿＿＿＿＿＿

7-3 键连接和销连接（续）

2. 根据图中零件的尺寸，查表选取适当长度的销，绘制完全销连接图，并写出销的规定标记。

(1) 公称直径为 10mm 的圆柱销连接　　　　　　　　　　　　　　　　　　(2) 公称直径为 8mm 的圆锥销连接

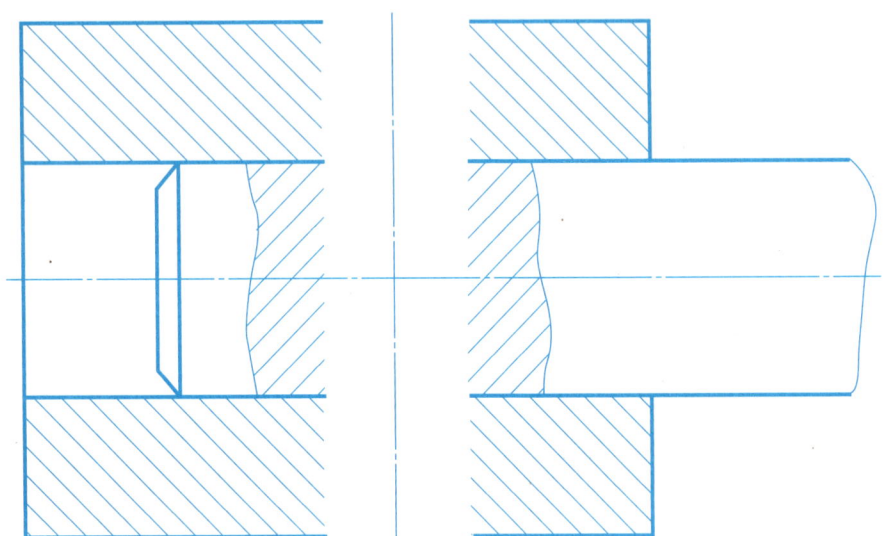

圆柱销的规定标记：_____　　　　　　　　　　　　　　　　　　　　圆锥销的规定标记：_____

7-4 弹簧、滚动轴承

1. 已知阶梯轴上支承轴承处的直径分别为 25mm 和 15mm。在支承处按规定画法画出轴承。

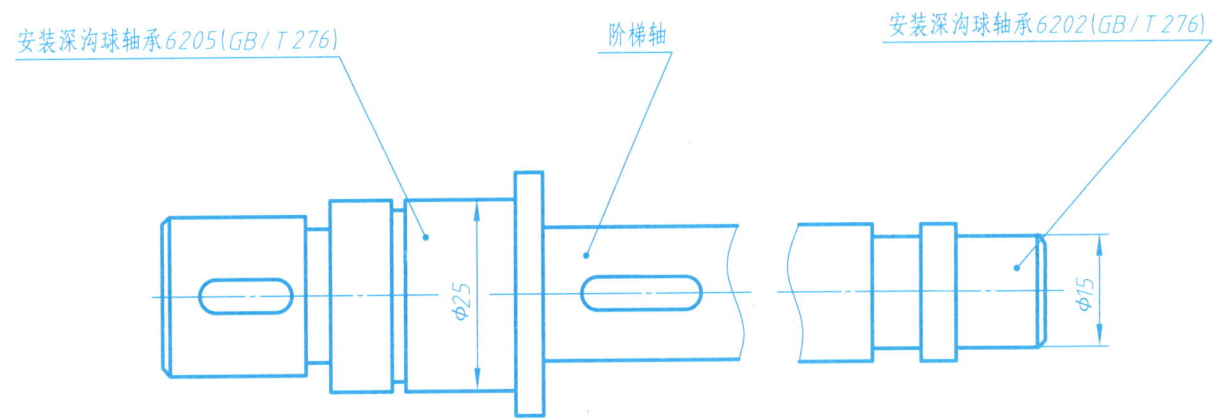

2. 已知圆柱螺旋压缩弹簧的簧丝直径 $d=5$mm，弹簧外径 $D=55$mm，节距 $t=10$mm，有效圈数 $n=7$，支承圈数 $n_2=2.5$，右旋，用 1∶1 的比例画出弹簧圈全剖视图（轴线水平放置）。

第八章 装配图

8-1 读装配图

1. 夹紧卡爪工作原理

夹紧卡爪是机床上用于夹紧工件的组合夹具，它通过基体 3 底部凹槽与定位键配合来固定在机床底板上。

卡爪 1 底部与基体 3 凹槽相配合（配合性质为 34H7/g6）。为了防止卡爪 1 脱出基体 3，用前、后两块盖板（件 5 和件 7）和 6 个内六角螺钉 6 连接基体。螺杆 2 的外螺纹与卡爪 1 的内螺纹连接，而垫铁 4 将螺杆 2 的缩颈卡住，使它只能在垫铁 4 中转动，而不能沿轴向移动。垫铁 4 用两个螺钉 8 固定在基体 3 的弧形槽内。

当用扳手旋转螺杆 2 时，卡爪 1 依靠梯形螺纹传动在基体 3 内左右移动，以便夹紧或松开工件。

2. 读懂夹紧卡爪装配图，完成下列各题。

1）垫铁 4 和盖板 7 分别起什么作用？

2）俯视图中尺寸 25、44 属于什么尺寸？主视图中的尺寸 30、114 属于什么尺寸？

3）34H7/g6 是零件_____和零件_____的配合尺寸，属于_____制_____配合。

4）选择合适的图幅和比例，拆画基体 3 和卡爪 1 的零件图。

5）用软件完成夹紧卡爪所有零件的三维建模并装配。

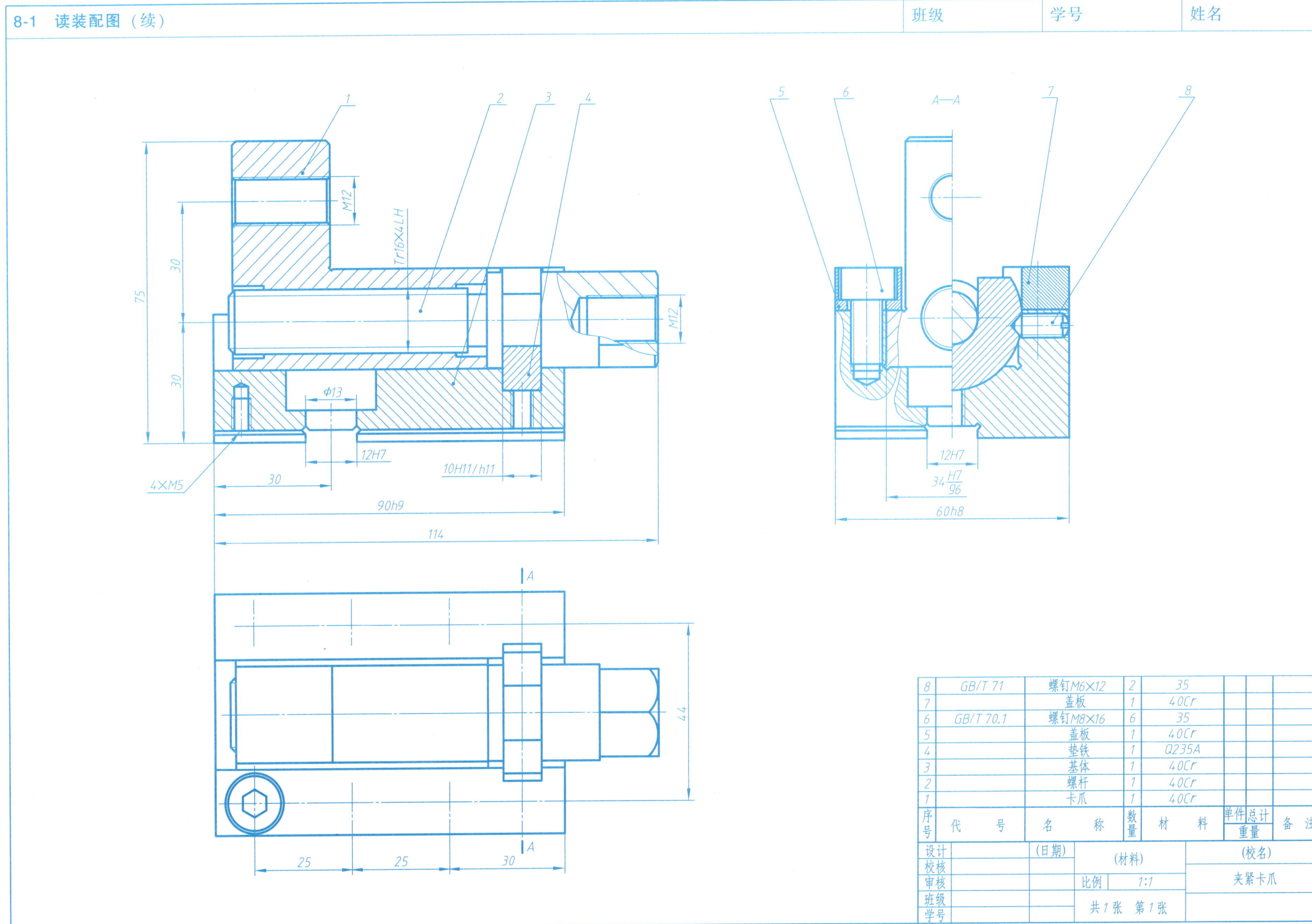

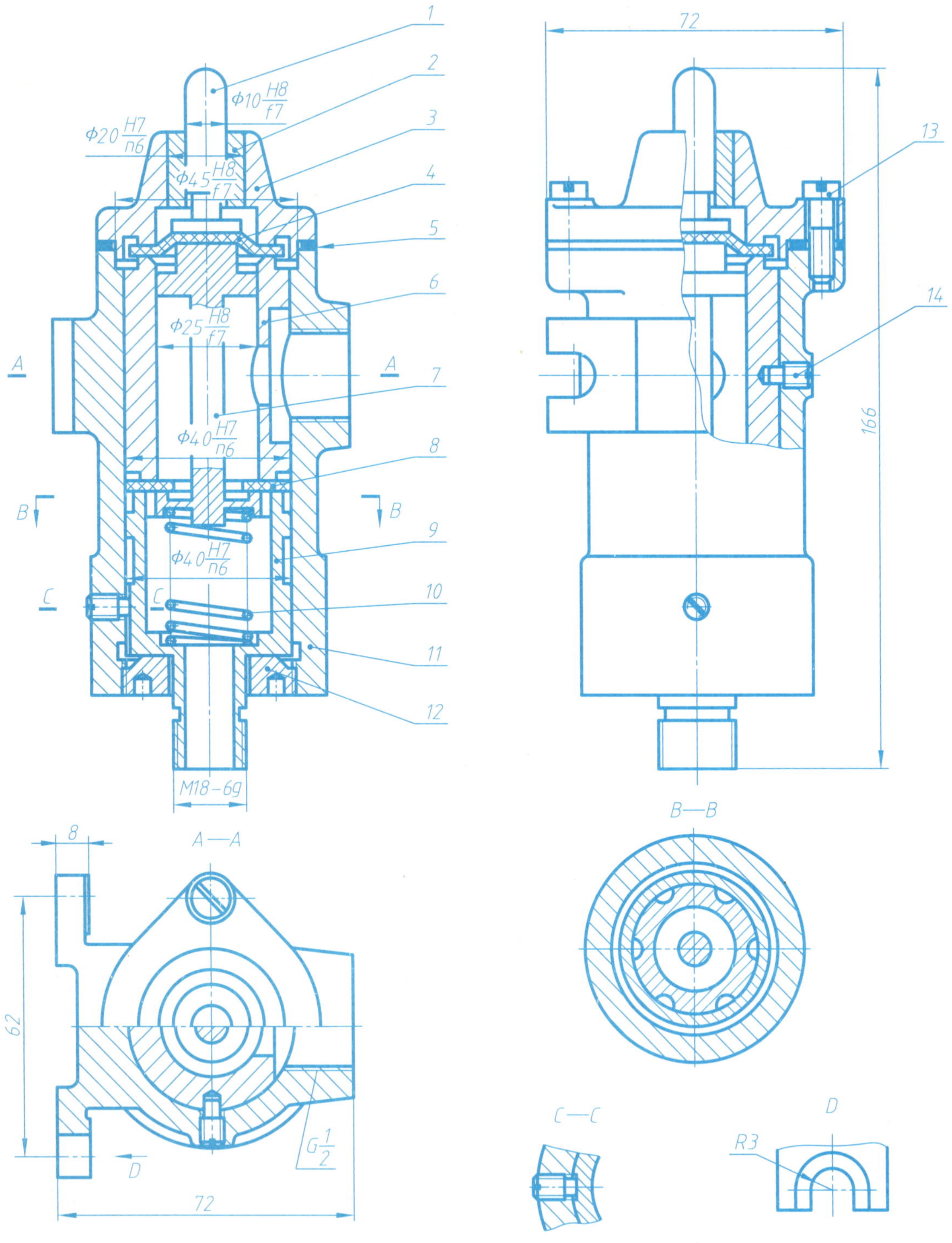

8-1 读装配图（续）　　班级　　学号　　姓名

1. 隔膜阀工作原理。

隔膜阀是一种调节气流的装置。当阀帽 1 受外力向下压时，通过隔膜 4 弹性压下阀杆 7，与阀杆 7 连接的弹簧 10 被压缩，使阀杆 7 与胶垫 8 之间产生空隙，由阀底部进入的气体均匀流入阀体 11，从右上方水平孔口排出。阀帽 1 的外力消除后，弹簧 10 的弹力使阀杆 7 压紧胶垫 8 而切断气流。

2. 读懂隔膜阀装配图，完成下列各题。

1) 螺塞 12 和紧定螺钉 14 起什么作用？

2) 俯视图中尺寸 62 属于_____尺寸，72 属于_____尺寸。

3) 尺寸 φ40H7/n6 表示零件_____和零件_____采用_____制_____配合，φ40 为_____，H 为_____代号，7 为_____。

4) 选择合适的图幅及绘图比例拆画阀体 11 的零件图（不标注尺寸）。

5) 用软件完成隔膜阀所有零件三维建模并装配。

14	GB/T 75	紧定螺钉M8×16	4	35		
13	GB/T 65	螺钉M10×30	2	35		
12		螺塞	1	Q235		
11		阀体	1	HT150		
10		弹簧	1	65Mn		
9		阀套	1	Q235		
8		胶垫	1	橡胶		
7		阀杆	1	45		
6		套筒	1	Q235		
5		衬垫	1	橡胶		
4		隔膜	1	橡胶		
3		阀盖	1	HT150		
2		衬套	1	Q235		
1		阀帽	1	45		
序号	代　号	名　称	数量	材料	单件/总计 重量	备注

设计		(日期)	(材料)		(校名)	
校核						
审核			比例	1:1	隔膜阀	
班级			共1张　第1张			
学号						

8-1 读装配图（续）

1. 带轮传动工作原理。

带轮 15 转动，带动轴 1 转动。轴 1 与带轮 15 通过键 11 连接，螺栓 12、垫圈 13 和轴端挡圈 14 将带轮 15 与轴 1 固定在一起，轴 1 上装有两个滚动轴承 7，轴承座 6 支承两滚动轴承 7。轴承端盖 10 和毡封油圈 3 起密封作用。

2. 读带轮传动部件装配图，完成下列各题。

1）在此部件中有____个轴承端盖（件 10），每个轴承端盖上有____个螺栓孔用于与轴承座连接，螺栓孔的尺寸为____。

2）装配尺寸 φ16H7/f6 为零件____和零件____的配合尺寸，其中，H7 为____的公差带代号，f6 为____的公差带代号，此配合为基____制____配合。

3）图中下列尺寸分别属于装配图的哪一类尺寸？

45 属于____尺寸；140 属于____尺寸；100 属于____尺寸。

4）在带轮传动部件中，轴端挡圈 14 的作用是：_____

5）选用合适的图幅及比例，分别拆画轴 1 及轴承座 6 的零件图。

6）用软件完成带轮传动部件所有零件的三维建模并装配。

15		带轮	1	HT200			
14		轴端挡圈	1	35			
13	GB/T 93	垫圈6	1				
12	GB/T 5781	螺栓M6×14	1				
11	GB/T 1096	键5×14	1				
10		轴承端盖	2	HT200			
9		垫片	2	工业用纸			
8	JB/T 7940.3	油杯	1				
7	GB/T 276	滚动轴承6004	2				
6		轴承座	1	HT200			
5	GB/T 93	垫圈5	12				
4	GB/T 5781	螺栓M5×16	12				
3		毡封油圈	2	半粗羊毛毡			
2	GB/T 1096	键5×20	1				
1		轴	1	45			
序号	代号	名称	数量	材料	单件 总计 重量		备注

设计		（日期）	（材料）		（校名）
校核					
审核			比例	1:1	带轮传动部件
班级			共1张 第1张		
学号					

8-2 画装配图

根据溢流阀装配示意图和零件图，拼画溢流阀装配图。用软件完成溢流阀所有零件的三维建模并装配。

1. 工作原理

溢流阀是一种安装在供油管路中的安全装置。正常工作时，阀芯靠弹簧的压力处于关闭位置，油从阀体左端孔流入，经下端孔流出。当油压超过允许压力时，阀芯被顶开，过量油就从阀体和阀芯开启后的缝隙间经阀体右端孔管道流回油箱，从而使管路中的油压保持在允许的范围内，起到安全保护作用。

可通过螺杆调整弹簧压力。为防止螺杆松动，其上端用螺母锁紧。

2. 作业要求

由所给的装配示意图和成套的零件图，在图纸上以适当的比例画装配图。具体步骤和提示如下：

1）认真读懂各零件图，理解零件的结构和形状，对照装配示意图，明确该部件的工作原理和各零件的作用。

2）确定表达方案，绘制装配图。根据选定的图幅和比例，可先画主体零件，再按装配顺序逐一拼画其他零件。注意正确运用装配图的规定画法、特殊画法和简化画法。

3）正确表达装配工艺结构，注意协调相互关联零件的尺寸。

4）明确装配图中应该标注的必要尺寸，并将其逐一正确地标注在图形上。仔细编写各零件序号（其字高应比图形中尺寸数字大一号或两号）。准确地填写明细栏中的各项内容，明细栏衔接在标题栏的上方，当上方布置不下时，可续排在标题栏的左侧。明细栏中的序号应自下而上地按顺序排列，并与图形上的零件序号相一致。

5）查阅相关的手册并参照类似部件装配图的内容标注技术要求。

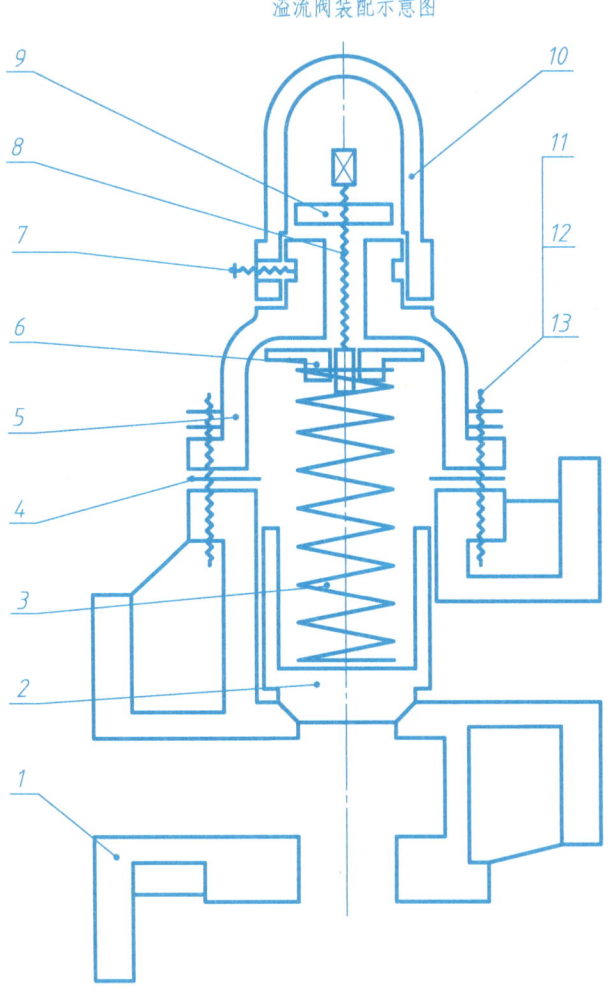

溢流阀装配示意图

零件目录

序号	零件名称	数量	材料	备注
1	阀体	1	ZL2	
2	阀芯	1	H62	
3	弹簧	1	65Mn	
4	垫片	1	工业用纸	
5	阀盖	1	ZL2	
6	弹簧托盘	1	H62	
7	紧定螺钉 M5×8	1	Q235	GB/T 75
8	螺杆	1	35	
9	螺母 M10	1	Q235	GB/T 6170
10	阀帽	1	ZL2	
11	螺母 M6	4	Q235	GB/T 6170
12	垫圈 6	4	Q235	GB/T 97.1
13	螺柱 M6×16	4	Q235	GB/T 899

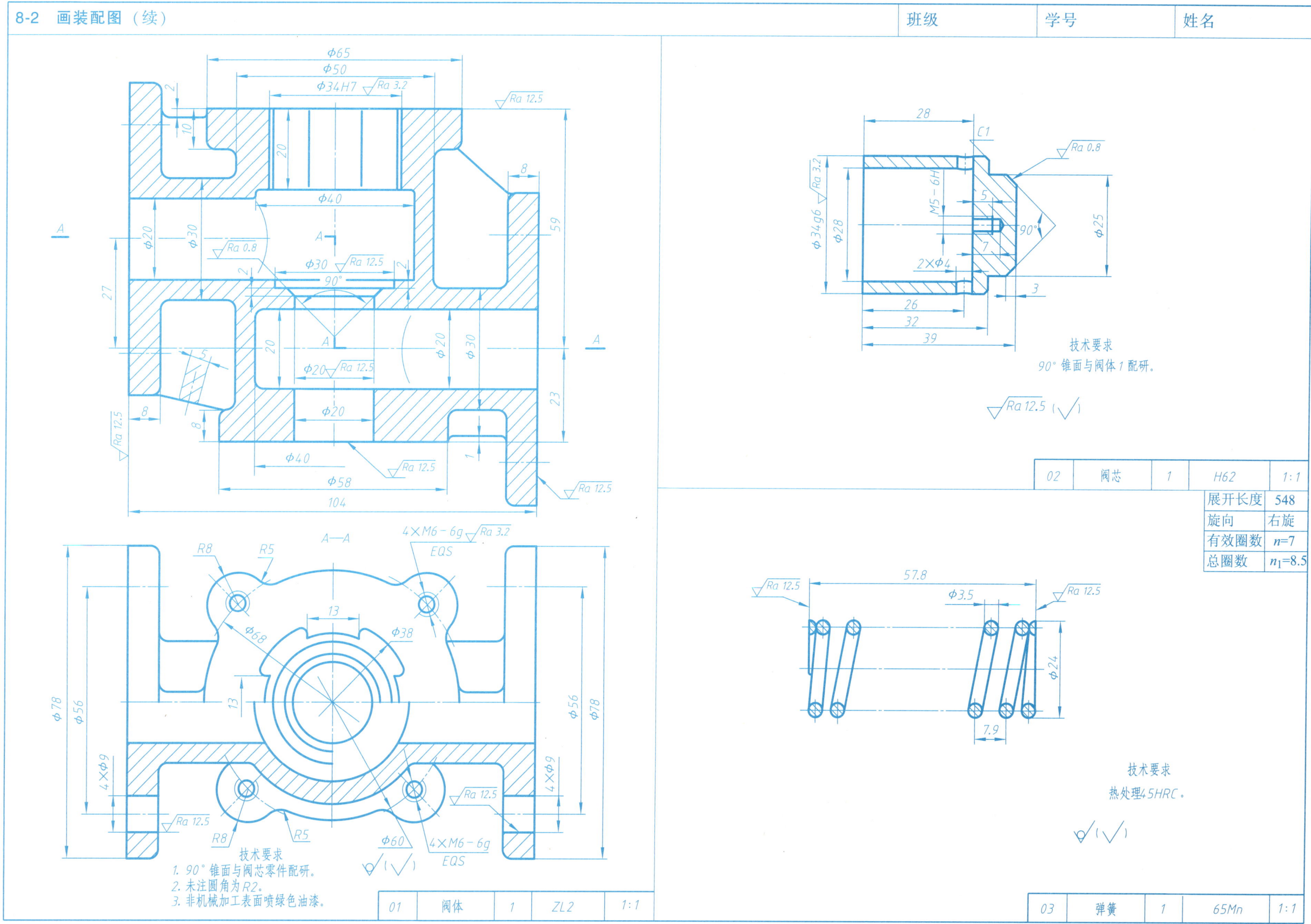

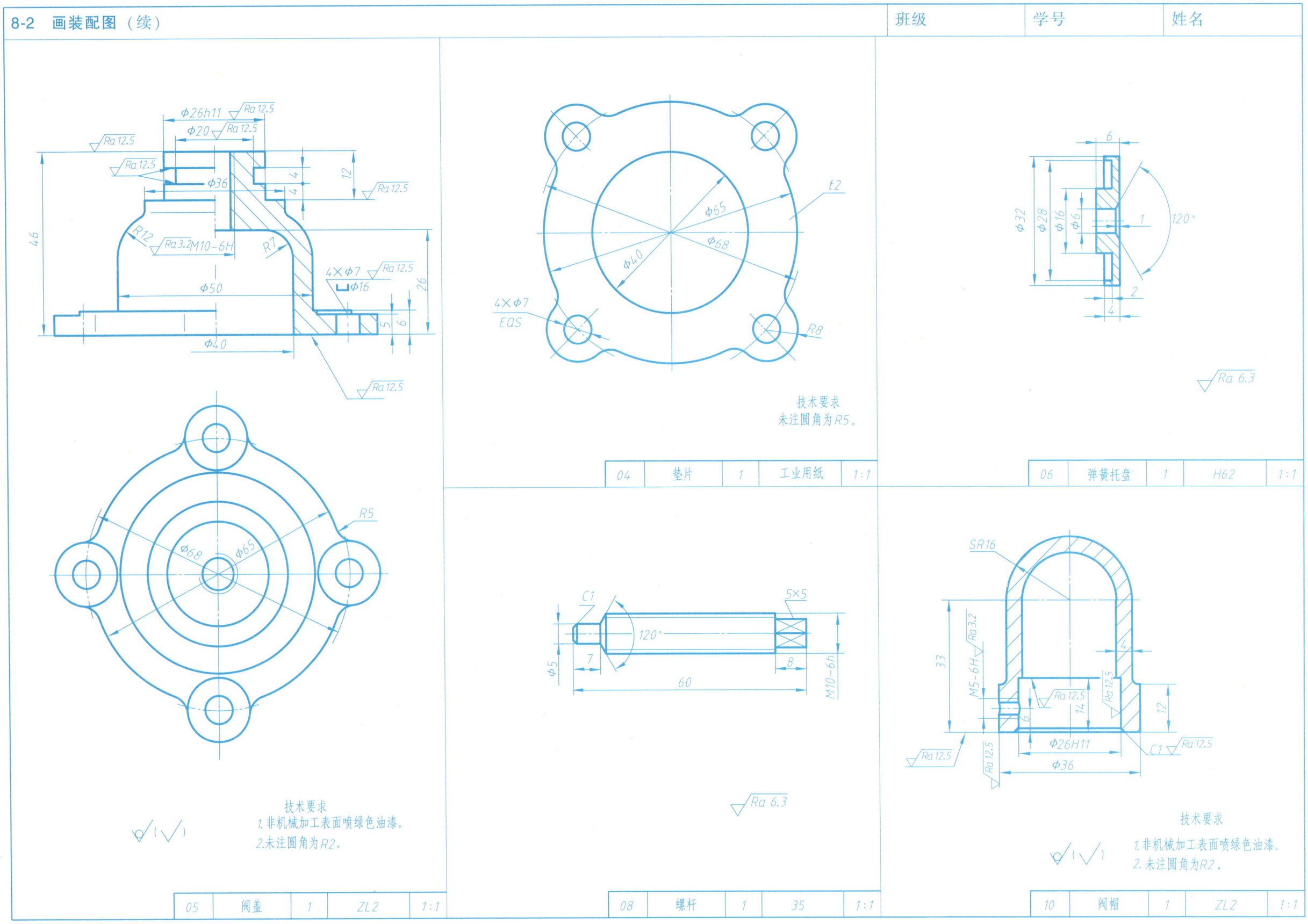

8-2 画装配图（续）

根据手动气阀装配示意图和零件图，拼画装配图。用软件完成所有零件的三维建模并装配。

1. 工作原理

手动气阀是汽车上使用的一种压缩空气开关机构。

当通过手柄球 1 和芯杆 2 将气阀杆 6 拉到最上位置时（如气动手阀装配示意图所示），储气筒与工作气缸接通。当气阀杆 6 被推到最下位置时，工作气缸与储气筒的通道被关闭，此时工作气缸通过气阀杆 6 中心的孔道与大气接通。气阀杆 6 外表面与阀体 4 孔是间隙配合，因此气动手阀装有 O 形密封圈 5 以防止压缩空气泄漏，螺母 3 用于固定手动气阀位置。

2. 作业要求

由所给的装配示意图和成套的零件图，在图纸上以合适的比例画装配图。具体作业步骤和提示如下：

1）认真读懂各张零件图，理解零件的结构和形状，对照装配示意图，明确该部件的工作原理和各零件的作用。

2）确定表达方案，绘制装配图。根据选定的图幅和比例，可先画主体零件，再按装配顺序逐一拼画其他零件。注意正确运用装配图的规定画法、特殊画法和简化画法。

3）正确表达装配工艺结构，注意协调相互关联零件的尺寸。

4）明确装配图中应该标注的必要尺寸，并将其逐一正确地标注在图形上。仔细编写各零件序号（其字高应比图形中尺寸数字大一号或两号）。准确地填写明细栏中的各项内容，明细栏衔接在标题栏的上方，当上方布置不下时，可续排在标题栏的左侧。明细栏中的序号应自下而上地按顺序排列，并与图上的零件序号相一致。

5）查阅相关的手册并参照类似部件装配图的内容注明技术要求。

零件目录

序号	零件名称	数量	材料
1	手柄球	1	酚醛塑料
2	芯杆	1	Q235
3	螺母	1	Q235
4	阀体	1	HT200
5	O 形密封圈	4	橡胶
6	气阀杆	1	45

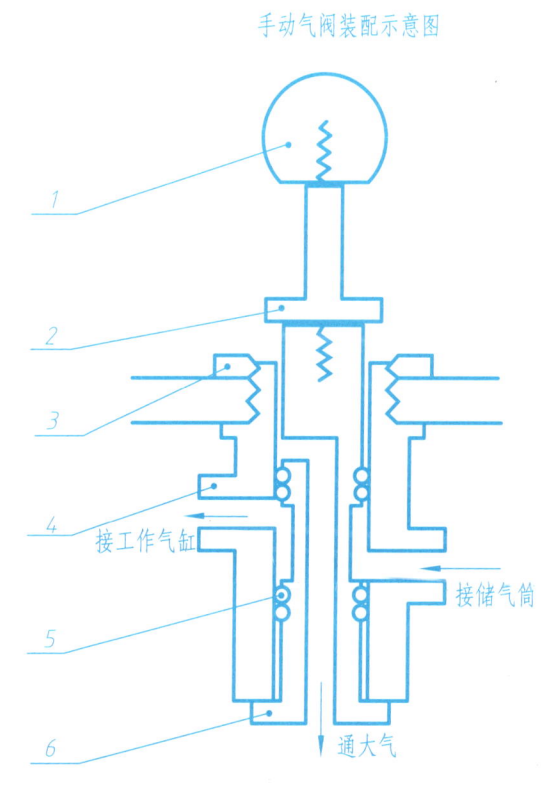

手动气阀装配示意图

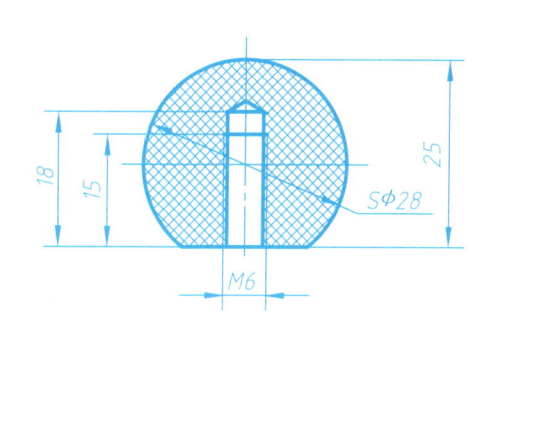

| 01 | 手柄球 | 1 | 酚醛塑料 | 1:1 |

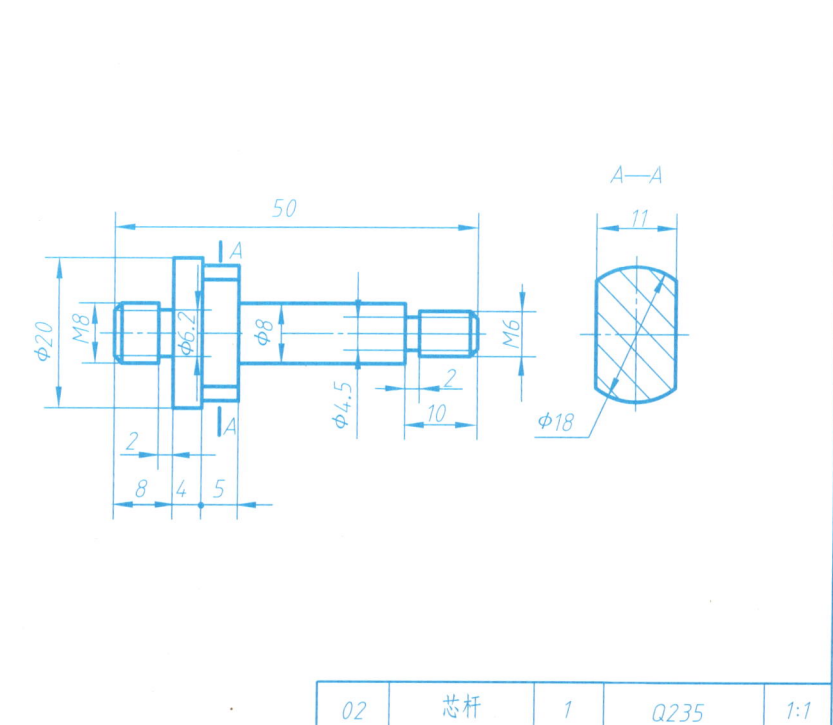

| 02 | 芯杆 | 1 | Q235 | 1:1 |

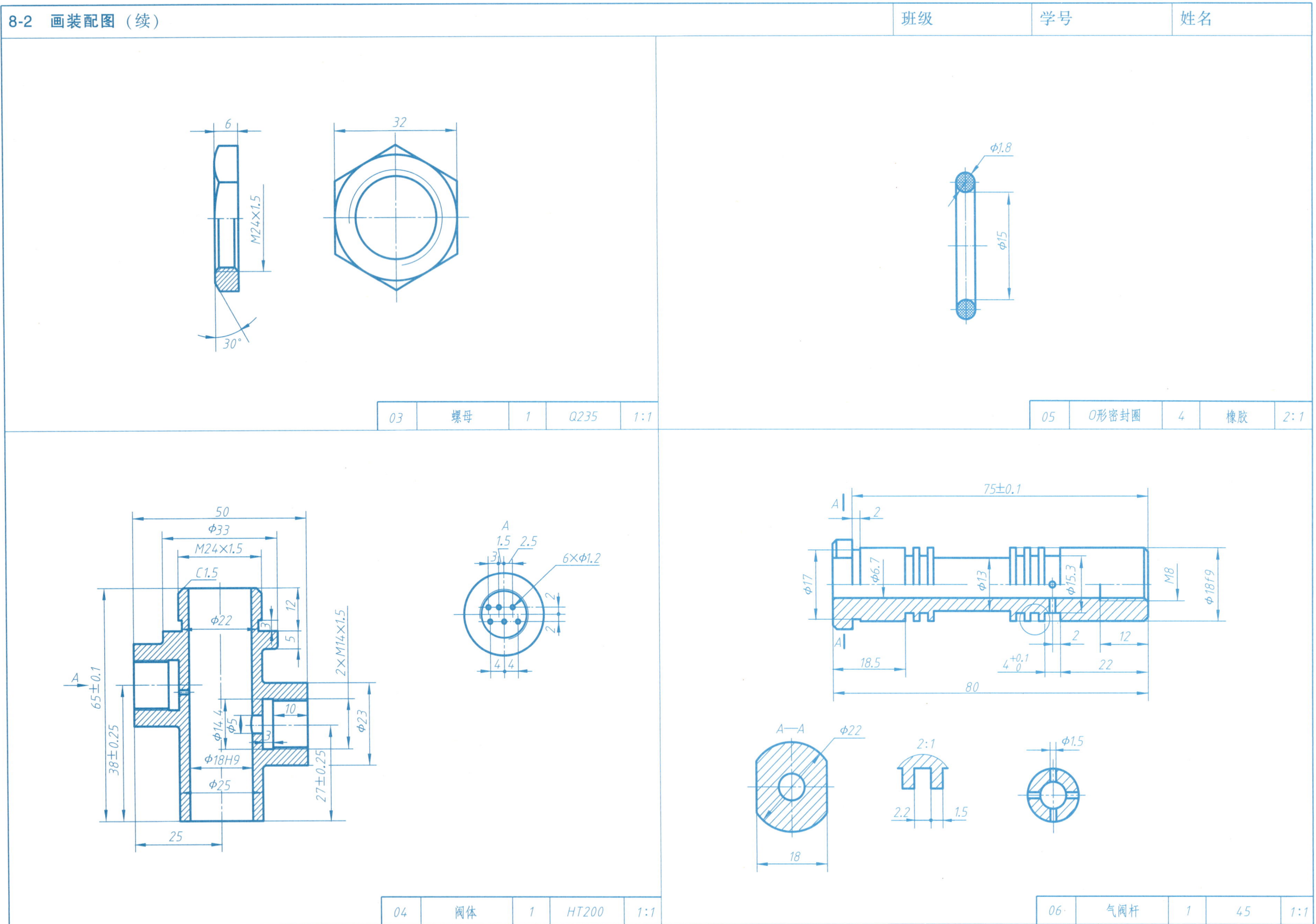

参 考 文 献

[1] 梁晓娟，邹凤楼. 机械制图习题集［M］. 北京：机械工业出版社，2020.
[2] 谷艳华，闫冠，林玉祥，等. 机械工程图学习题集［M］. 4版. 北京：科学出版社，2016.
[3] 管殿柱，李辉，姚俊红. 画法几何及机械制图习题集［M］. 北京：机械工业出版社，2020.
[4] 张明莉. 工程图学习题集［M］. 北京：机械工业出版社，2019.
[5] 谭建荣，张树有. 图学基础教程习题集［M］. 3版. 北京：高等教育出版社，2019.
[6] 徐艳. 现代工程图学习题集［M］. 北京：机械工业出版社，2019.
[7] 杨裕根. 画法几何及机械制图习题集：多学时［M］. 北京：北京邮电大学出版社，2018.
[8] 合肥工业大学工程图学系. 现代机械工程图学习题集［M］. 北京：机械工业出版社，2018.
[9] 鲁屏宇. 工程图学习题集［M］. 3版. 北京：机械工业出版社，2015.